超效自控

掌控情绪和心态的65堂课

SUPER EFFICIENT SELF-CONTROL
65 LESSONS OF
MASTERING EMOTIONS AND ATTITUDES

魏冰冰◎著

中国法制出版社
CHINA LEGAL PUBLISHING HOUSE

PREFACE

著名管理学家曾仕强在《中国人为什么爱生气：管理情绪，改变命运》中写道："有情绪，并不一定是坏事，关键看我们如何管理自己的情绪。什么是管理？管理一定是有方法的，没有具体的方法不是管理；管理一定是有效果的，如果做了半天没有效果也不是管理。很多人认为情绪不能管理，认为'我就是这个脾气，我没有办法，我想改就是改不了！'其实，人可以管理情绪，因为情绪跟别人没有太多关系，它完全是人自己在决定，相比其他事情，人的自主性更高。"

管理情绪首先要了解情绪。我们为什么会被自己的情绪所操控？情绪与食物、色彩、音乐、健康之间存在怎样的密切关系？一旦情绪失去控制，将产生怎样的破坏力？

要想成为情绪管理的高手，需要掌握科学的方法，认识自我、接纳情绪、改变认知、心理暗示都有助于我们调节自身的情绪。要想知道个中究竟，就阅读这本书吧！

叶千华在《千华随笔》中这样说："情绪是靠我们自己管理和掌握的，任何一个人和一件事、一句话和一件物等都可能能激起我们的情绪。我们应当有人所共有的感受和需要，但不能反应过度，陷入痴迷和慌乱。很多情绪来自于身外，可心情是自己的，我们可以用自己的修为来调整不利和不好的状态，使得自己在有关与无关中确立自我情绪，走出情绪的困扰。"提高自己的修为，告别情绪上的"痴"与"乱"，成为情绪的主人，才能拥有幸福的人生。

CONTENTS

第三章 当情绪失去控制（二）

第四章 理性看待，别让坏情绪毁了自己

第五章 提升自我认知，清除情绪负债

第六章 积极暗示，培养良好心态

第一章 01

问世间“情绪”为何物

1 人为什么会被情绪所控制

佩雷斯列是古希腊时期斯巴达城邦的一位将军。除拥有强壮的体魄之外，在排兵步阵方面他也拥有自己的独到之处。利用这些优势，他率领忠诚勇猛的斯巴达士兵们屡建奇功，受到了国王的赞赏和士兵们的拥戴。

有一次，在行军途中，佩雷斯列率领的军队误入了雅典军队的埋伏圈。经过一番激烈的战斗之后，雅典军队取得了胜利。为了避免被认出来，匆忙之中，佩雷斯列同一名普通士兵交换了各自的军服，混在俘虏队伍中，等待合适的逃跑时机。

而雅典军队则找到斯巴达俘虏中佩雷斯列的亲信，要求他们如实说出佩雷斯列的行踪。但不管雅典军队如何威胁利诱，忠诚的斯巴达勇士们都闭紧自己的嘴巴，一言不发。

得知这一情况的雅典将军暴怒起来，下令将所有斯巴达俘虏处死。这时，雅典将军的亲信，一位谋士站出来说："将军，万万不可。如果此时将他们都处死了，固然可以暂时消解将军您的愤怒。但这件事一旦传到斯巴达，斯巴达人一定会疯狂地报复我们。这对我们而言，必将得不偿失。"

雅典将军大声问道："既不能杀俘虏，又无法找出佩雷斯列的行踪，你说怎么办？"谋士低头沉思了一会儿，说："我想到一个办法，也许能够帮助我们顺利找到佩雷斯列。"

第二天，谋士在雅典将军的授意下来到关押斯巴达俘虏的地方，站在高处大声地说：“你们谁能告诉我，为什么自己会忠心于佩雷斯列这样一个胆小鬼？”人群中有人高喊：“将军不是胆小鬼，他是这个世上最伟大勇猛的将军。”

听闻此言，谋士嗤笑道：“最伟大勇猛？我看他就是一个胆小鬼，简直丢尽了你们这些真正勇士的脸。”斯巴达俘虏们听后全都沉默不语，任由谋士站在上面用各种不堪入耳的语言羞辱佩雷斯列将军。

过了一会儿，突然有一个人影冲上高台，暴跳如雷地对着谋士喊道：“你是什么身份，居然敢这样骂我。今天不杀了你，我誓不为人！”谋士丝毫没有害怕，反而兴奋地指挥着雅典士兵上前将此人制伏，捆绑起来，然后将其交给雅典将军，说：“这个人就是佩雷斯列将军。”

雅典将军对此表示怀疑：“你怎么能够如此肯定自己的判断呢？”谋士回答道：“有消息称，佩雷斯列将军最近几年在斯巴达一直居功自傲、目空一切，他早已经习惯了周围人对自己的称赞和奉承，必定无法忍受我当着斯巴达士兵的面如此辱骂他，而这种愤怒的情绪早晚会促使他冲出来暴露自己。”

雅典将军将信将疑地派人通过各种途径进行验证之后，终于确定那个暴怒的士兵正是佩雷斯列将军本人。此后，在雅典士兵各种残酷的折磨之下，佩雷斯列将军身心俱疲且双目失明，落得一个非常凄惨的下场。

故事中，佩雷斯列将军因为无法忍受雅典谋士对自己的肆意辱骂而愤怒地冲上台，反而将自己暴露了，最终不仅没能带领斯巴达勇士们逃出雅典，反而让自己陷于异常艰难的境地。

正如佩雷斯列将军一样，每个人在生活中都会被情绪所控制和影响，甚至被情绪彻底击败。要想改变这种局面，摆脱情绪对自我的控制，就需要首先了解何为情绪，我们为什么会被情绪所控制。

关于情绪，中国古代有“喜、怒、忧、思、悲、恐、惊”的七情说。美国一位心理学家则提出悲痛、恐惧、惊奇、接受、狂喜、狂怒、警惕及憎恨的八种基本情绪理论。

但通常而言，心理学上更倾向于将情绪看作“对一系列主观认知经验的统称”，是“多种感觉、思想和行为综合产生的心理和生理状态”。情绪被分为基本情绪和复杂情绪。

其中，基本情绪是我们与生俱来的，比如快乐、恐惧；而复杂情绪则是我们在社会生活中通过人与人之间的相处和交流而产生的，比如，嫉妒、羞耻等。

作为触发日常行为动机的力量，情绪常常和心情、性格、脾气以及想要达到的目的相互作用和影响。此外，情绪也会受到荷尔蒙和神经递质的影响。

当我们处于正面积极的情绪中，心情愉快，身体也随之焕发出生机和活力。但当我们被负面消极的情绪所控制时，会很容易失去理性，对身体健康、日常生活以及人际交往等造成较大的负面影响。

哈佛大学研究者在对 1600 名心脏病患者进行调查后发现，这些患者经常出现焦虑、抑郁和脾气暴躁等负面情绪，其频率要比普通人高出 3 倍有余。

此外，心理学家们为了进一步证明情绪对个体具有强大的控制力，做了相应的实验：他们将一只处于饥饿状态下的狗关进坚固的铁笼子中，让另一条狗在笼子外面当着它的面啃骨头。此时，笼子里的饿狗会不停地狂叫并试图挣脱笼子，它在急躁、愤怒和嫉妒等负面情绪的影响下产生了一系列神经症性的病态反应。

而我们之所以会被情绪所影响和控制，主要是因为大脑中存在着情绪双轨制处理模式，负责情绪的古动物脑路径较之负责思维的新皮层路径要短，反应速度比其更快。这就使得我们在遇到事情时，很容易先产生情绪，进而做出反应，思维和理性却要慢半拍，也就是人们常说的“一时冲动，来不及思考”。

另外，如果此时个体没有对其初始情绪进行控制，或者受到其他因素的影响，将会导致新皮层的后发干预无效，使人完全丧失理智，最终成为情绪的奴隶，被情绪所操控。

2 情绪的四个比喻

常明和黎芳同在一所学校当老师，常明比黎芳要年长许多。这天两个人坐在一起聊天，黎芳询问常明业余时间都喜欢做什么事情。常明回答说："钓鱼。只要有时间，我都会去钓鱼。"黎芳感兴趣地追问道："您都是一个人去吗？是去鱼塘还是湖边？"常明回答说："大多数时候都是自己去湖边野钓，有时也会和其他钓友一起去。"黎芳兴奋地说："那下次您再去钓鱼时，能否带我一同去？"常明爽快地回答道："当然可以。"

半个月之后，黎芳如约来到了常明家中，和他一同前去钓鱼。当来到鱼塘之后，常明将钓鱼要领向黎芳讲授了一番，之后便独自坐在旁边，静静地等待鱼儿上钩。

一个小时、两个小时过去了，黎芳终于忍不住对常明说："我们在同一个鱼塘，使用相同的鱼饵，距离又这么近，为什么您每隔一会儿就会有鱼上钩，而我直到现在也没有钓到一条鱼呢？"

常明微微一笑说："你仔细回想一下自己钓鱼时的情形，再认真观察我钓鱼时的姿态。"黎芳一头雾水地坐在旁边苦思冥想，一个小时过后，她仍哭丧着脸说："我确实是按照您教我的步骤钓鱼的，好像没有什么不一样啊。"

常明放下手中的鱼竿说："问题不在于钓鱼的方法和技巧，而在于情绪。你看到每一次鱼饵扔下去却没有鱼儿上钩时，便开始焦躁、烦乱、坐立不安，时不时动一下鱼竿或者发出一两声叹息，这样会很容易将鱼儿吓跑。而我只是静静地守候着，心情平静，鱼儿根本就感觉不到我的存在，自然更容易咬我的鱼饵上钩。”

从某种程度上来讲，情绪准确反映了个体在当下的心态。要想充分利用情绪的力量，首先需要我们认识、了解它。如果不了解自己的情绪，就很容易被情绪所操控，影响个人的发展而毫不自知。比如，在钓鱼过程中因为焦躁不安而导致鱼儿不上钩的黎芳。

心理学家迈耶依据个体观察和处理自己情绪的不同方式，将人们面对自我情绪的表现分为自我觉知型、难以自拔型和逆来顺受型。其中，自我觉知型的人通常能够实现对自我情绪的有效管理；而难以自拔型的人最容易被消极、负面的情绪所操控，呈现多变、反复无常的情绪特征，精神极易崩溃。

具体来讲，要想准确地了解自己的情绪，就需要个体在产生负面情绪之后，能够静下心来仔细观察自己的情绪，诚实地面对自己正在经历的一切心理感受，进而分辨其中哪种情绪才是真正对自己产生主要影响的情绪。比如，我为什么会产生这样的情绪？我允许自己产生这样的情绪吗？如果不允许，为什么？

只有与自我情绪进行对话之后，才能更好地帮助我们对情绪进行疏通。

有一个女人，在生活中很容易因为一些鸡毛蒜皮的小事而生气。一直以来，她都知道自己这样不好。

这天，她终于鼓足勇气找到隐居于深山的一位高僧，请求其为自己讲禅布道、开悟心性。了解其来意之后，高僧二话不说将女人关进一间禅房中，上锁离去。女人在房间里忍不住破口大骂。

过一会儿，高僧回来了，女人请求高僧放自己出去。高僧仍然坐于院中，一言不发。半天过去了，女人渐渐转为沉默。此时，高僧来到房门外询问道：“现在你还感觉生气和愤怒吗？”女人冷漠地说：“我现在只生自己的气，发什么神经来到这里遭这种罪。”高僧摇摇头说：“你连自己都不肯原谅，我又如何能够帮助你恢复平静？”

一段时间之后，高僧再次过来问：“现在你还生气吗？”女人回答道：“不生气了。”高僧说：“为什么？”女人沉默以对。高僧言道：“你的气只是被埋藏在心中，并没有完全散去。”于是再次径自离去。

当高僧第三次来到房门前，不等高僧问话，女人便慌忙说：“我现在真的不生气了。因为不值得气，没什么好生气的。”高僧笑笑说：“不值得气，这说明你心中还是在生气。”

夜色如墨，高僧终于将房门打开。女人问：“现在您能够告诉我，究竟什么是气吗？”高僧端起桌上的一杯水，将其全部倾倒于地面之上，转身离开。女人望着地上已经渗透入地缝之中、消散得毫无踪影的茶水，终得顿悟。

当我们能够如这个女人一样，了解和接纳自己的情绪时，情绪对我们所造成的困扰也就消失了一大半。情绪正如生活中的指向标，我们通过情绪可以更好地了解自我以及所处的现实环境，进而让生活变得更加和谐美好。基于此，香港某机构的副总干事李兆康先生曾将情绪形象地比喻为“保安系统”“发电机”“编织的彩毯”和“化学反应”。

其中，“保安系统”指的是当我们感受到身边人或事的威胁时，情绪会对个体发出相应的警示信号，提醒我们提高警惕，采取相应措施进行自我保护。

“发电机”则是指积极情绪能够为个体提供生活能量，激发个体的激情与活力，使个体拥有一个美好的人生。但同时也需要注意一些负面、消极的情绪对个体生命的损耗和阻碍。

“编织的彩毯”是指生活中选择哪种情绪，其实全由个体自己决定。如果个体能够宽容地接纳各种积极和消极情绪，并能够将其自然地编织在一起，生活必定也如彩毯一般鲜艳夺目。

所谓“化学反应”，则主要指人际交往中，不同情绪之间的碰撞是难以避免的，而这些碰撞可能会激发灿烂的火花，也可能会出现消极的后果。

3 你的情绪是我的“蝴蝶效应”

20世纪70年代，美国气象学家洛伦兹在研究天气预报准确性时意外发现：如果位于巴西亚马孙雨林中的一只蝴蝶轻轻扇动翅膀，所产生的气流经过一系列反应，两周之后很有可能会为美国得克萨斯州带来一场巨大的龙卷风。

这一发现被人们简称为“蝴蝶效应”，由洛伦兹在解释空气系统理论时公之于众。具体而言，蝴蝶效应是指在某个动力系统中，初始条件发生了非常微小的变化，之后这个变化经过不断发酵和放大，将会对未来状态造成很大的影响，使整个系统发生长期的、巨大的连锁反应。

因为一个微乎其微的变化而引起巨大的反应，这种说法听起来很容易让人产生怀疑，但经过精细而严密的科学研究之后，这一说法得到了科学家进一步证实和肯定。

值得一提的是，蝴蝶效应不仅存在于自然界，在我们的生活中同样有所体现。比如，情绪的产生及发展。

很多时候，我们会因为他人一个细微的表情、动作，或者一句无心之言而出现悲伤或愤怒等情绪。如果个体不及时对这种消极负面的情绪进行控制，就会产生意想不到的后果，对自身以及他人造成极大的伤害和损失。

明朝灭亡后，吴三桂率领士兵前往京城朝见李自成。途中，遇到从京城匆忙出逃的家人，吴三桂问道：“家里一切都好吗？”家人回答：

“全都被闯王抄了个一干二净。”吴三桂安慰道：“这不算什么。等我回到京城之后，他自然会归还于我。”

吴三桂又问：“父亲大人还好吗？”家人答：“被闯王扣押在狱中。”吴三桂淡淡地说：“没关系。等我回去之后，闯王自然要将家父释放。”

然后，他又问道：“夫人（即陈圆圆）还好吗？”家人答：“夫人被带走了。”听闻此言，吴三桂立刻勃然大怒道：“想我堂堂大丈夫，却不能保护区区一个弱女子，我还有什么脸面见人？”

他当即下令士兵掉头，赶回山海关，并以明朝大臣的身份向由多尔衮率领的清军呈递请兵书，表示愿“合兵以抵都门，没流寇于宫廷，示大义于中国”。

吴三桂“冲冠一怒为红颜”，向多尔衮率领的清军打开山海关的大门，使得闯王李自成被赶出北京城。吴三桂身为男子汉大丈夫却未能保护好自己的妻子，因而冲冠一怒，最终导致数不清的将士战死沙场。

由此可见，愤怒等负面情绪在“蝴蝶效应”的放大下，会产生巨大的影响。但我们同样可以借助蝴蝶效应，将开心、快乐等正面情绪进行传播，使得周围的人和环境向着积极的方向转化发展。

街角最近新开了一家水果店，在这家店开业之前，曾有很多人租赁这家门面经营不同的生意。但奇怪的是，每次都经营不到两个月就关门易主了。三个月过去了，李兰发现新开的这家水果店生意不仅没有萧条下去，反而越来越红火。

经过一番观察，李兰发现这家水果店靠近小区上坡的位置，每当有大爷大妈前来购买水果时，水果店老板总会热情地走上前，面带微笑对他们说：“您老来了，当心脚下。今天想买些什么水果？”此外，不管是哪个年龄层或者哪个阶层的人前来购买水果，老板都会亲切而热情地同他们聊天，使得所有顾客都能够高兴而来，满意而归。

在这家水果店中，人们感受到的是一种轻松、愉悦。因此，他们自然更愿意来这里购买水果，这也是水果店生意红火的秘诀所在。对客人们来讲，不管他们进入水果店之前是忧愁的还是开心的，在店老板积极热情的情绪感染之下，他们可以释放和舒缓自己的情绪。

在日常生活中，一句暖心的话语、一个亲切的举动看似微不足道，但在情绪蝴蝶效应的作用下，可以释放出巨大的能量，引起出人意料的改变。在对情绪的“蝴蝶效应”有所了解之后，就需要我们在日常生活和人际交往中，能够随时关注自己的每一个细微动作和话语，保持高度的敏感性，避免给他人带来负面的伤害和影响。

另外，我们在同他人交往的过程中，要有意识地提升自己的“钝感力”，注意自我情绪的变化，及时调整心态，使情绪保持在一种较为平稳的状态。这样才能更好地对不良情绪进行控制，促进积极情绪的有效形成，从而使自己的情绪更加健康和稳定。

4 色彩对人类情绪的影响

关于色彩，诗人歌德曾这样分析道："在纯红中看到一种高度的庄严和肃穆。通过一块红玻璃观察明亮的风景，能够令人想到'最后的审判'那一天弥漫天地的无助感，不禁由此产生敬畏之心。红色由于其庄严安全的特性而被当作可以象征王权的颜色。纯黄是欢乐、柔和、可爱的。蓝色'毫不可爱'，令人感到空虚、阴冷，它表达的是一种兴奋和安全的矛盾。"

英国和芬兰的科学家认为，色彩作用于人的感官，并刺激人的神经，进而对个体的情绪和心理发挥作用并产生影响。心理学家在对外物与心理健康的关系进行调查研究之后，进一步确定了色彩与情绪之间存在着显著的联系。

具体而言，红色代表热情、奔放和力量，使情绪趋于热烈、饱满；绿色是来自大自然的颜色，代表和平、理想和生命，使情绪保持安静、温和；蓝色则代表凉爽、天空般深邃和悠远，使情绪处于忧郁和深沉的状态。此外，诸如灰色、黑色、白色等众多颜色也分别对人们的情绪以及心理活动的变化产生着不同的影响。

作为一名神经内科医生，相比较粉红、豆粉等颜色，正值花样年华的陈塘在着装上却更愿意选择灰色、黑色以及蓝色等低调、深沉的颜色。当别人问她"为什么不多尝试一下粉红色系的衣服"时，她的回答总是："那些颜色太过招摇和高调，不适合我。"

年轻的陈塘有着不同于同龄人的成熟和稳重。无论何时，她的表情总是平静得宠辱不惊，她习惯将自己层层包裹在蓝色或黑色的大衣中，给人一种理性、严肃和高高在上的感觉。但事实上，陈塘的内心深处是非常自卑的，对任何人或事都缺乏足够的安全感。她渴望表现自己，但又害怕受到伤害，所以想要借助黑色、蓝色等沉重的色调将自己同外界隔绝，为了避免可能遭遇的伤害而最终选择逃避一切。

从高中到大学，陈塘的青春都是在灰暗的色彩中度过的。她的情绪也一直像黑色和蓝色所代表的那样：沉重、孤独和忧郁。直到大学将毕业时，一次偶然的机会让陈塘同现在的先生杨兵相识。不同于陈塘沉闷的个性，杨兵的性格活泼开朗，日常着装也偏好绿色、黄色、红色等亮眼夺目的色彩，他的出现时常让人感到眼前一亮。

从相识、恋爱到结婚，在杨兵的影响下，陈塘的性格有了很大的转变。她慢慢学会了接受自我的缺点和不完美，渐渐发现了自身的优势；她勇敢地尝试各种色系的服装，参加不同的活动；她懂得了直面失败，认清失败和伤害并不可怕，可怕的是因为害怕失败而选择逃避，从而错过了很多生活中的美好事物。

最近一段时间，陈塘发现自己无论在购买水杯、碗筷、衣服等小物件时，还是在选购家电、家具等大物件时，她都更倾向于选择白色、绿色和粉色。如果不是先生极力劝说，她甚至想要将家中的床单、被罩以及沙发套等全都换成粉色的。

就这样，陈塘从一个性格严肃压抑，只喜欢黑色、蓝色等深色的人，变成了一个钟情粉色、绿色和黄色等明亮色彩的开朗、自信的人。

在上述案例中，我们通过陈塘对色彩的喜好变化能够清楚地看到性格与色彩的相互作用。

但是蓝色真的只会给我们的情绪带来沉重、孤独和忧郁的感觉吗？答案是否定的。英国科学家在一项最新研究中发现，虽然长久以来人们普遍将蓝色看作深沉、忧郁等消极情绪的色彩代表，但蓝色同时也能够起到增强人们的自信心，让思维变得更加敏捷的作用，有时候也会让情绪感到愉快。

有研究者曾做过这样一个实验：志愿者们被要求站在不同颜色的灯光下，听从研究者的口令来做出相关的动作。研究结果表明，站在浅蓝色灯光下的志愿者较其他志愿者除反应速度更敏捷之外，在协调动作和记忆单词等方面也有着卓越的表现。因此，当我们感觉自己的情绪状态不佳时，可以尝试着穿浅蓝色系的衣服来改变自己的心情。

此外，在对色彩与情绪之间的关系进行研究的过程中，人们发现色彩不仅影响个体的心理，还会对个体的生理产生影响。比如，人们看到红色会有热的感觉、看到蓝色会有冷的感觉。这是因为人类对色彩的感觉主要是通过视觉来完成的，不同的色彩所折射的光的波长长短不一，使得大脑神经在接触不同色彩时所出现的联想和反应也有所不同，进而对人的内分泌系统产生影响，引起人们不同的感觉体验、情绪变化、身体反应。

综上所述，人们对色彩的感觉是在化学和物理共同作用下而产生的复杂微妙的生理、心理反应。现代人已经学会了利用色彩来控制、调节情绪，比如，医院病房的整体色彩多为干净整洁的白色，这可以帮助烦躁痛苦的病人保持心情平静，以便配合医生的治疗；麦当劳食品包装多为红色和黄色，这两种颜色可以令人情绪欢快、产生食欲，以便增加食品销量。

5 音乐与情绪的交互作用

2009年，德国科学家找到一些从来没有接触过西方音乐的非洲土著，给他们分别播放了由不同作曲家所写的不同类型的西方音乐。研究结果表明，非洲土著虽然听不懂音乐中的西方语言，也不了解这些音乐的创作背景和文化底蕴，但他们仍然可以感受到这些音乐中包含的快乐、忧伤和恐惧这三种基本情绪。

音乐是一门“以声表情”的艺术，是情绪的重要表达方式之一。美国音乐治疗之父加斯顿曾说：“音乐是人类的一种必不可少的感觉，这不仅仅因为人类创造了它，还因为人类创造了与它的关系。在几千年的人类历史中，音乐影响着人类的情绪行为和自身条件。”因此，研究音乐与情绪之间的关系是音乐心理学的一项重要内容。

尽管情绪和情感广泛存在于如绘画、舞蹈等艺术形式中，并非是音乐所专有的，但不得不承认，相较其他艺术形式，音乐显然更专注于个体情绪和情感的表达，这是由音乐本身的特性所决定的。音乐的本质就在于激发和演绎人们心中的情绪，因为情绪本身就具有一定的传染特性，当音乐作为情绪的表达方式进行播放时，自然也能够影响聆听者的情绪、找到与作者的情绪共鸣。

比如，江西的老百姓望着田野上桃李盛开、鸟儿啼鸣的春日美景，心情豁然开朗，由此创造出一系列如《斑鸠调》等节奏轻快、活泼自然的民歌，这些音乐使聆听者也仿佛置身于那种美好的环境之中，感同身受地获得了同样的愉悦心情。

至于音乐是如何具体影响情绪的，可以从以下几方面来进行解释。

第一，情感中枢的作用。当代作家阿城在《爱情与化学》一文中讲道："脑神经生理学家证实，古哺乳类脑中的边缘系统是情感中枢。因为这个中枢的存在，哺乳类比爬虫类要更加'有情'。而能直接作用于边缘系统也就是情感中枢的艺术是音乐。"第二，脑干反射与评价性条件反射。第三，生理节律与音乐节奏的"共鸣"。第四，情绪传染和视觉想象。比如，人们在观看一段感人的视频时，往往会跟随着屏幕中正在发出哭泣声的人而落泪，但如果此时关掉视频中的声音，仅仅观看无声的图像，可能就不会像刚才那样悲伤和痛苦了。此外，音乐之所以会影响情绪，还包括情节记忆、对音乐的期待以及音乐能引起边缘系统的激活等其他方面的原因。

李玲是一名退休教师。自从退休在家后，她时常觉得自己处于抑郁、心烦意乱的情绪状态，无论做什么事情都提不起精神。她曾怀疑是自己的身体健康出现了问题，但几番体检后并没有发现任何器质性病变。李玲也曾在朋友的劝说下采用中医推拿、食疗等方法来调节情绪，但改善效果都不明显。

一次偶然的机会，她遇到了自己教过的学生方婷。方婷是一名音乐治疗师，在了解到李玲的情况后，她建议李玲尝试着学习一门简单的乐器，每隔半个月到自己这里进行一次音乐治疗。

几经考虑，李玲选择了学习古筝。她每天都要练习古筝的基本功，聆听《渔舟唱晚》《梅花三弄》等经典古筝曲，坚持每隔半个月去方婷那里接受音乐治疗。

过了一段时间后，李玲感觉自己的心情已经变得比较平和、开阔了，整个人的精神状态看起来也特别饱满、积极。

李玲之所以在学习音乐之后会发生如此巨大的变化，一方面是因为学习弹奏古筝和聆听古筝名曲，这种慢节奏的行为活动让李玲的心境变得平静舒缓。另一方面，也是更重要的原因，即音乐能够对情绪产生影响，进而改变人的精神状态。

值得一提的是，音乐虽然能够对人类的情绪产生积极正面的影响，但并不是同样的音乐会在所有人身上都产生相同的情绪改善效果，这是因人而异的。比如，一些性格较为内向的人在酒吧内听到高分贝、快节奏的乐曲时会感觉烦躁不安甚至恶心等，而一些性格外向的人听到这样的音乐却会感到情绪高涨、兴奋不已。

此外，不同的音乐类型也会使人产生不同的情绪，甚至会产生一些负面消极的影响。国外心理学家在对两组分别以演奏古典乐曲、现代乐曲为主的交响乐队成员进行调查分析之后发现：相较于演奏现代乐曲为主的乐队成员，演奏古典乐曲的乐队成员的心情要更平稳和愉快，同家人朋友之间的日常相处也更融洽；而以演奏现代乐曲为主的乐队成员大多容易性情急躁、情绪消沉，甚至有一些人会经常出现失眠等不良症状。因此，这就需要我们能够清楚地认识到：情绪是创造音乐的源泉，音乐是情绪的表达，音乐能够影响情绪。只有好好利用音乐，多聆听好音乐，才能够对自身情绪产生良好积极的影响，从而使音乐对情绪的改善作用得到充分发挥。

6 情绪也有周期性

体力、智力、情绪都有自己的高潮期、低潮期和临界日，不受任何后天因素的影响。体力节律、智力节律和情绪节律被称为生物三节律。其中，情绪节律是由英国医生费里斯和德国心理学家斯沃博特于 20 世纪初共同发现的。

情绪节律，又被称为"情绪周期"，指个体情绪高潮和低潮不停交替所经历的时间，以 28 天为一个周期。当人们处于情绪高潮期时，时常会感到精力充沛、心情愉悦，对待任何人或事都极富耐心；当人们处于情绪临界日时，自我感觉会特别不好，很容易无缘无故地感到烦躁，身体健康水平也有所降低；而当人们处于情绪低潮期时，不仅情绪低落、反应迟钝，而且很容易出现反抗、抑郁和孤独等负面情绪，无论做什么都是一副有气无力、打不起精神的样子。

对不同性别的人来讲，情绪周期的表现也有所区别。比如，女性的情绪低潮期多出现在行经之前的一个星期左右以及行经期间。在这段时间，伴随着腹胀、头痛、容易疲倦等生理上的不适，很多女性会莫名其妙地感到烦躁不安，看周围的一切都不顺眼，也很容易对平时并不在意的事情斤斤计较。

任青每次同男朋友吵架的时间几乎都是行经前一周或者行经期间。正值深秋的一天，她同男朋友看完电影回家，夜晚十点的马路上唯有凄冷的秋风在呼啸着。男朋友突然提出让任青骑自行车载他继续逛街。如果在平时，任青会觉得男朋友好浪漫，实在太可爱了。但正好来了月经的她只觉得烦躁和厌倦，于是她委婉地对男朋友说："这么晚了，又这么冷，我们还是早点回家吧。"无奈男朋友还是不依不饶地非要让任青载他。

任青只好勉为其难地骑车载他一小段路，之后再次表示自己想要早点回家。但男朋友又提出想要在马路上一起自拍几张秀恩爱的照片。任青终于忍无可忍，她烦躁地说："要拍你自己拍吧。"男朋友委屈地说："不就是拍个照片，你至于这样生气吗？平时你不是最喜欢这样玩吗？"任青没等男朋友说完就将车子扔在了路边，愤愤地离开了。

不同于女性伴随着经期而来的情绪低潮期表现，男性的情绪低潮期主要表现为对人或事的态度上由亲密到疏远，再到亲密的变化过程。每隔一段时间，他们会想避开自己的家人、朋友和恋人，切断自己同这个世界的所有密切联系，将自己关在孤独的"小黑屋"中品味寂寞。一段时间过后，他们又会自动地走出情绪的"小黑屋"，重新同他人建立联系。

为了更好地理解男性的情绪周期，曾有人将男性的情绪比喻为"橡皮筋"。当我们将橡皮筋无限拉伸时，一旦超过橡皮筋自身的弹性限度，稍微一松手，橡皮筋就会立刻反弹，回归原状。男性的情绪也呈现出这样的特点。

在秦龙锲而不舍的努力下，他终于追到了心仪已久的女神庞丽。为了让美好的爱情持续升温，他最近过上了颇为辛苦的生活：每天早上准时打电话叫醒庞丽，然后穿过大半个城市接庞丽一起吃早餐，将庞丽送到她的公司后，自己再急急忙忙地去上班。

即便上班时，秦龙发给庞丽的短信等各种贴心的嘱咐和甜言蜜语也从未间断。下班以后，他更是会安排好各种浪漫的活动，然后接庞丽下班，两个人共度美好甜蜜的夜晚时光。

在这期间，不管庞丽提出任何过分的要求，秦龙都会好脾气地一一答应、妥协，宠着、哄着庞丽。这让庞丽感觉非常开心，她感到自己对秦龙的爱和依赖正在慢慢增加。

但是一个月过后，庞丽却发现最近秦龙对自己没之前那么殷勤了，对自己的一些小要求也不再像之前那样乐于满足，反而会流露出一些烦躁和愤怒的情绪。不管是一起吃饭还是电话聊天，秦龙都是一副心不在焉的样子。

这回他甚至以出差为借口，整整三天都没有给庞丽打过一个电话，发过一条短信。起初，庞丽感到有些惶恐和无措，她不明白秦龙为什么会无缘无故地疏远自己，难道他说爱自己都是谎言吗？那他之前所做的一切又算是什么呢？她反复地拨打秦龙的手机，给他发短信，但都没有任何回应。

一个星期之后的早晨，正在睡梦中的庞丽突然接到了秦龙的电话。电话里，他像什么都没有发生过似的，一如往常地叫着庞丽的昵称，催促她赶紧起床，一起吃早餐。这样忽冷忽热的举动令庞丽颇为不解，甚至萌生了分手的念头。

可见，情绪的高低起伏所影响的不仅是当事人的生活，其身边的人也会受到影响。尤其是像这样前几天还被捧在手心里、这几天却被忽视，难免会让身边的人胡思乱想，非常不利于人际关系的维护。那么，在日常生活中，面对情绪低潮期和临界期，我们该如何应对呢？

首先，正确认识和了解情绪的周期性，对情绪低潮期的到来做好充分的心理准备，不必如临大敌般将其看得太过严重，也不能过度放松，忽视情绪起伏可能造成的负面影响。

其次，降低对自己的要求，鼓励自己走出去。比如，多参加体育锻炼、社交活动、文艺活动，培养开朗的性格、开阔的心胸。

再次，面对那些容易让自己产生负面情绪的事情，要有意识地进行回避，并对已经出现的负面情绪加以调控，不可任由其肆意发展。

最后，学会适当地宣泄自己的不良情绪。比如，向家人、朋友等倾诉，恋人之间可以坦诚相告等，以此寻求心理上的安慰和支持。另外，还可以通过外出散步、爬山，甚至放声大哭等方法来消耗多余的能量，让自己没力气去烦恼。

总而言之，情绪出现周期性波动是情绪活动中的一个正常现象。只要放平心态，认清自己的情绪周期，合理利用情绪高潮期，提升自己的工作效率和生活品质，我们就能平稳地度过情绪低潮期和临界期，从而获得更加平和、美好的人生。

7 情绪化和情感丰富

明朝正德年间，宁王朱宸濠的弟弟同哥哥因为意见不合而吵得不可开交。一气之下，他来到巡视江西的使臣韩雍那里，控告哥哥宁王有谋反之心。

韩雍敏锐地察觉到这其中必有隐情，所以决定装聋作哑，对这件事暂不处置。宁王的弟弟在大堂之上焦急地等待着，韩雍却姗姗来迟。他见到韩雍后，立即走上前说：“我是来控告宁王谋反之事的。”韩雍故意将身子向前探了一探，大声问道：“你说什么？你刚在宁王家吃过饭？”

听闻此言，宁王弟弟本就烦躁的心里更添了一丝愤怒，他提高音量说：“我是来控告宁王私存谋反之心。”韩雍笑眯眯地回答说：“我果然没有听错。你在宁王家吃得还好吧？”

宁王的弟弟气急败坏地说：“我再说一次，宁王正在私下筹备谋反之事。”韩雍笑着说：“你这人，吃个饭至于重复那么多次吗？”

面对韩雍的装聋作哑，宁王弟弟在心里恨不得将韩雍千刀万剐。他正要发作之时，韩雍命人抬过来事前准备好的白木桌和一支笔，示意他可以将所要说的一切都写下来。无奈，宁王弟弟只好将宁王所有谋反的罪状和证据都一一写在白木桌上。

等宁王的弟弟离开之后，韩雍意识到此事非同小可。他立刻派人将此事上奏朝廷，朝廷迅速派出使臣前来调查。另一边，经过在韩雍面前的一番折腾后，宁王弟弟对哥哥的愤怒已经减少了一多半，再加上回府之后，宁王又对其加以安抚和道歉，两个人很快和好如初。

因此，当朝廷派遣的使臣到达宁王府进行调查时，宁王和弟弟均对此事予以强烈的否认。宁王弟弟更是勃然大怒道："韩雍身为朝廷官员怎么可以无中生有？我同哥哥的感情一向很好，我们也都忠于朝廷及皇上，从未发生过任何谋反之事，也毫无谋反之心。"

使臣将此事上报朝廷，皇上听后龙颜大怒，下令以"污蔑宁王谋反，离间皇室血脉关系"的罪名将韩雍关押起来，择日问斩。得知这一结果，韩雍立即命下人将之前宁王弟弟书写的那张白木桌展示于人，跪请使臣判断究竟是自己诬告还是宁王弟弟反悔。最终，韩雍凭借这张白木桌逃过一劫。

在上述历史故事中，宁王的弟弟因为和哥哥意见不合而一气之下前去找韩雍进行控告，可与宁王重归于好之后，为了自保而反过来污蔑韩雍。如果不是事先有所防范和准备，韩雍说不定就会蒙冤而死。而这一切，都是宁王的弟弟情绪化的结果。

在心理学中，情绪通常是指人们对环境中某个客观事物的特种感触所持的身心体验，是一种对人的行为和生活具有显著影响的非智力因素。而情绪化作为情绪的一种外在表现形式，则是指个体的心理状态很容易因为一些大小不一的因素而产生情绪波动。它的主要表现是：情绪常在喜怒哀乐间进行切换，有时候这种切换呈跳跃式且毫无征兆。

在现实生活中，人们往往会将情绪和情感混为一谈，认为情绪化是情感丰富的另一种说法。但实际上，情绪化和情感丰富二者并无直接联系，更不能画上等号。作为情绪的本质内容，即便是同一种情感，处于不同条件之下也会产生截然不同的情绪表现。换言之，情感丰富的人未必会情绪多变，情感单一的人未必情绪稳定。

情绪化与情感丰富之间最明显的区别在于：是否能够正确认知并拥有良好的自我控制情绪的能力。具体而言：情绪化是失控、偏执和自我封闭的。当一个人处于情绪化的状态时，他不能正常地听从他人的意见和劝告，而是沉浸于自己的情绪中歇斯底里。而情感丰富是一种“更为主观可控、更加积极和开放式”的情绪。

另外，情感丰富更倾向于对他人的“共情”和“同理心”，是人的情绪对外界刺激的敏感程度。而情绪化显然更倾向于个体对自我情绪的管理能力与管理方式，主要表现为遇事缺乏理性思考和对情绪的控制能力。

此外，相较于情绪化的人，情感丰富的人除拥有更强的共情能力外，他们往往对自己的情绪变化非常敏感，进而能够及时体察到不良情绪，并采用一定的方法对其进行及时释放和处理，以此提高自我约束能力与情绪控制能力，更好地实现对情绪的自我管理，维护良好的生活质量和工作效率。

美国哥伦比亚大学的一项研究表明，情感丰富的人在企业发展中起着重要且积极的作用。基于这点，对经常情绪化的人而言，要想有效地避免情绪化、控制情绪，需要从“勇于承认自我情绪弱点”做起，在进一步认识到不良情绪对身心健康、人际关系等带来的负面影响之后，学会放松自我心情，有意识地借助转移注意力、多参加体育运动、多沟通交流等方法来对情绪加以调节和控制。

8 食物与情绪之间的秘密

实际上，食物与情绪之间存在着密切的联系，这是营养学家和心理学家早已共同认定并通过多方面研究证实的一个重要观点。

生活中的很多食物都能够对情绪产生一定影响，且两者之间相互作用。我们如果想要对某个人的情绪变化进行更为深入的了解，也可以尝试着从他的饮食爱好中一窥究竟。

在日常生活中，当我们感到压力较大时，就会想吃辣味的食物；当我们被愤怒情绪所笼罩时，更喜欢食用大量肉类食物；当我们陷入情绪低落和沮丧之时，会乐于进食粗粮面包或大量的蔬菜沙拉，这能令心情变得欢快、明朗；当我们因为失眠而变得烦躁、焦虑时，医生会建议睡前喝一杯热牛奶或蜂蜜水来舒缓情绪，帮助睡眠；当我们感到紧张时，会更想进食松脆含盐的食物；当我们感到孤独寂寞而需要安慰时，会偏爱甜品的慰藉。

张可莱大学毕业那年，适逢大学生就业“寒潮”。为了维持生计，她在超市做过促销员，在商场兼职卖过衣服，也曾在深夜穿越大半个城市给别人当代驾。但在打零工的同时，她也没有放弃投递简历到大公司，谋求更好、更稳定的工作机会。

功夫不负有心人，张可莱终于接到一家以招聘条件严苛著称的大企业的面试通知并成功通过面试，成为公司的正式员工。刚开始上班时，上司待人对事甚为苛刻。张可莱在这样的工作氛围中，尽管每天心中都充满了孤独、委屈、郁闷以及愤怒等负面情绪，但她还是以惊人的毅力坚持了下来，慢慢地蜕变着。

一年过后，当时一起进入公司的十名同事只剩下张可莱和另外一名男同事。两年过后，张可莱以卓越的业务水平升职为经理。所有同事、朋友和家人都在为她的坚持而感叹不已。

好朋友李珍问她：“在这两年的时间里，每当你感到情绪低落、想要放弃时，是什么力量支撑着你一步步走到了今天呢？”张可莱笑着说：“吃！吃任何想吃的食物。”李珍更加疑惑不解：“吃？就这么简单吗？”

张可莱耐心向她讲解道：“每当情绪低落、感到委屈或想要放弃时，我就会自己烹制或购买想吃的食物。有时是甜食，有时是非常辣的食物，有时则是薯片、果冻这样的垃圾食品，有时也会尝试一些从来没吃过的菜品。当我一个人坐在家中安静地将它们全部吃完后，心中也就重新恢复了平静，工作又有了干劲儿。”

食物确实具有神奇的魔力，常常于关键时刻拯救人们消极的情绪。那么，食物到底是如何让我们的情绪好转起来的呢？根据生物学的研究，当个体处于某种情绪状态时，体内会分泌出诸如激素、蛋白质等化学物质，这些物质在体内的含量伴随着情绪的高涨或低落而增高或降低。这些化学物质被生物学家称为“情绪激素”。

人类每天所进食的食物当中，有一些会在消化过程中对情绪激素的新陈代谢产生影响，甚至会直接产生类似的化学物质，进而对情绪产生影响。因此，一些美国的医生会利用不同的食物帮助患者调节情绪，在治疗一些精神方面的病症时，也时常会求助于系统化的饮食疗法。

荷兰莱顿大学认知心理学系的研究人员在2014年12月发表在《心理学前沿》上的文章中指出：“补充左旋色氨酸——血清素的生化前体，可以促进人们的慈善捐赠行为。这一研究结果或许验证了‘吃什么，是什么’这一观点，我们的饮食可能真的能够改变我们与社会打交道的方式。平时生活中适当吃些谷物、鱼、蛋、水果等食物，可以让人们的心情稳定而愉快，变得更加慷慨。”

综上所述，食物确实能够在一定程度上对我们的情绪产生影响。我们不仅要学会借助食物对负面情绪进行缓解和改善，而且要在平时生活中逐步养成健康的饮食习惯。需要注意的是，不良情绪固然可以通过进食相应食物来得到一定程度的缓解，但要想彻底摆脱不良情绪对自己造成的影响，学会对情绪的自我控制才是最重要的途径。

9 肢体语言与情绪表达

陈莉芳和李明都是单身。这天在朋友的牵针引线下，两个人相约在市区一家安静的咖啡馆见面。碰面之初，两个人进行了简单的自我介绍，相互询问了彼此的兴趣爱好和过往经历，进展顺利。

半个小时过去了，当陈莉芳还在兴致勃勃地讲着自己去青海湖骑行的事情时，李明突然打断她说：“不好意思，我还有事情需要先走一步。改天有机会咱们再继续聊。”不等陈莉芳有所反应，他便起身结账离开，只留下陈莉芳一个人坐在那里目瞪口呆。

这让陈莉芳不免有些不解和纳闷。于是，她打电话咨询自己的闺密唐米：“我对他的感觉挺好的啊。不然，谁愿意坐在这里浪费时间给他讲那些事情啊。”唐米是一名心理咨询师，听到姐妹的抱怨，便体贴地问道：“那你仔细回忆一下，在整个聊天过程中，李明都有哪些肢体动作呢？”

陈莉芳努力地回忆了片刻，然后仔细地向闺密“汇报”说：“刚进门坐下时，他双脚摆放的位置是一前一后。开始聊天之后，他总在有意无意地晃动自己的腿和脚，这让我有些不高兴。”

唐米听后，娓娓道来：“从心理学上来讲，坐下后双脚位置一前一后地摆放，说明他可能有别的地方要去，或者是想要立即离开。而聊天中不停地晃动双腿或双脚，代表了他的情绪极为不耐烦，希望尽快结束当前的事情。”

唐米又提醒她说：“你继续回想一下，他的肢体、语言、神情等还有哪些表现呢？”陈莉芳想了想，接着说：“他一直没有同我相对而坐。当我说一些经历时，他也总是先耸一下肩，然后将双手环抱在胸前，淡淡地回一句：‘哦，这样啊。’这样一想，好像整个过程都是我说的话比较多，而他更多是听我说话或不停地喝水。”

唐米解释道：“从以上种种表现可以看出，李明是比较排斥这场相亲的，但可能迫于一些不得不来的因素才勉强赴约。因此，他一开始就对你表现出敷衍了事、想要尽快离开的态度，但出于礼貌，还是坐在这里坚持了半个小时之后才选择离开。”

听到如此分析，陈莉芳还是有些疑惑：“仅仅通过肢体语言就可以分析出一个人的情绪和心理状态吗？你又没有亲眼看到他。”

情绪是一种以“生理唤起水平、表情和主观感受的变化为特征的心理现象”。在心理学中，对情绪的研究分为几个方向，而分析研究个体在不同情绪状态下的身体反应就是方向之一。科学研究表明：人类如果想要向外界及他人传达完整的信息，通过语言和声调传递出的内容约占据信息量的45%，而剩下大约55%的信息都需要借助于人们的肢体语言来传达。

肢体语言，又被称为“身体语言”。作为副语言的一种类型，它是人们借由头、眼、手、腿等肢体的各种动作来代替语言传达情绪，进行沟通交流的一种方式。广义的肢体语言包括面部表情，但狭义的肢体语言只包括身体与四肢所表达的情绪和感情含义。

在日常生活中，人类的每一个行为都包含和反映了自己的情绪。比如，垂头表示沮丧，捶胸口表示懊悔、痛苦，耸肩摊手表示无奈等。再比如，看到喜欢的人时会不自觉地扬眉或低眉，嘴唇会瞬间有一个不自觉的开启，会不自觉地立正站好，身体前倾以靠近、倾听对方，下意识地整理着装、头发等。

作为人类无意识的一种举动，不同于有声语言，肢体语言通常更加可信和真实，也更能隐晦和准确地反映人们当下的情绪状态。但与此同时，肢体语言在言语交谈与人际交往中也更容易被当事人忽略。

有位心理学家进行过一个实验：在广场的露天咖啡厅，他走近一个看起来交谈得很愉快的四人团体。他同这四个人互不相识，但他走过去坐在他们旁边后，双臂、双腿紧紧地交叉在一起，摆出一副非常严肃的样子，并且一言不发。十分钟不到，原本谈笑风生的四个人也都纷纷像心理学家一样做出双臂、双腿交叉的动作，表情略显严肃，交谈甚至一度难以继续。

随后，心理学家起身离开了。当他走远之后再回头去看时，发现四人团体又重新恢复之前的开放式姿势，继续有说有笑地交谈着。在这个实验中，四人团体并没有注意到自己模仿了心理学家的动作，他们只是对陌生人的到来表现出了情绪上的消极、戒备，所以不自觉地做出了双臂和双腿交叉，以及严肃、一语不发的样子。

正是由于大多数人对肢体语言都没有太多的关注，因此在日常交往中也很少有人会考虑对自己的肢体动作进行伪装和掩饰。即便有人刻意进行掩饰，我们也能通过观察面部以及肢体等其他微小的动作来获知他们的情绪。比如，某人说谎时表面看起来若无其事，但若仔细观察就会发现，他的双手紧紧握在一起不停地晃动，将其紧张、惶恐不安的情绪暴露无遗。

因此，在人际交往中，我们既然能够借助肢体语言表达消极负面的情绪，也同样可以借此向对方传达自己积极的情绪，要善用肢体语言来为情绪表达加分。例如，当你想向对方传递出“我对你有好感”的情绪时，可以做出身体前倾、面露微笑、时而点头的动作和表情。

第二章 02

当情绪失去控制（一）

1 恐惧让人夜不能寐

第二次世界大战期间，德国科学家抓到一位俘虏，将其绑在椅子上，用一块黑布蒙上他的眼睛，并告诉他接下来会在他的身上进行一项特殊的生理实验。

科学家先是用一块很薄的冰块在俘虏手腕上快速地划了一下，然后在他的手腕上空悬挂了一个装着同人体血液温度差不多的清水瓶子，将吊瓶插管的另一端放在俘虏的手腕上，使清水顺着他的手腕一滴滴地落进旁边的铁桶中。

这样一来，什么都看不见的俘虏以为“滴答”的水声是自己血液流失的声音，很快这名俘虏就死去了，并且症状和反应与那些真正失血而亡的人毫无二致。但事实上，科学家并没有真正将俘虏的手腕划破，他的死亡根源是自己内心的恐惧。

恐惧是指“在真实或想象的危险中，个人或群体深刻感受到的一种强烈而压抑的情感状态”。它属于情绪的一种，是人类及动物所共有的一种心理活动状态。

心理学家认为，恐惧心理是对人类身心健康危害很大的情绪状态之一。这主要是因为伴随着恐惧的产生，人们常常会出现诸如神经高度紧张、注意力无法集中、无法对当前自己的思想和行为进行正确的判断及控制等心理症状。另外，还会产生诸如心跳加速、心律不齐、冒冷汗以及四肢无力等生理现象。这些都会导致或促使心理、身体疾病的发生。

王娜是一名大三的学生，她的父亲是一位医生。与其他同龄人相比，王娜显得较为内向、敏感、多疑。大多数时候，她都是独来独往，不怎么同别的孩子玩耍和交流。

大二的时候，适逢“非典”来袭。假期回到家中的王娜看到一名癌症病人到家中寻找父亲时无意中进入她的房间并坐了她的床之后，平静的生活被打破了。尽管她知道癌症并不像SARS病毒那样具有传染性，但面对那名病人触碰过的一切物品，王娜心中还是感到非常敏感和恐惧。

从此之后，王娜非常害怕与癌有关的一切，并且总会将细菌同癌症联系起来。只要听到有人提到或自己看到关于癌症的内容，她就会感觉非常不舒服，只想尽快逃离。此外，她还特别害怕一切脏的东西，因为脏就意味着有细菌，而她认为细菌会导致癌症。

抱着这种想法，在日常生活中，她每天都要洗手多达20多次，衣服的摆放和穿戴也要反复进行检查和核对。在社会交往中，她既不愿意接触任何公共用品，也不喜欢和他人有任何肢体接触。甚至有一次，她非常喜欢的一位老师无意中说起自己母亲患有癌症之后，王娜便再也不愿意去上他的课，总是远远地躲开这位老师。

王娜自身内向、敏感以及依赖性强等个性，再加上在医生父亲的影响下，她比普通人对细菌和癌症的概念更敏感，“非典”期间的紧张气氛更加重了她的恐慌，最终使得她虽然知道大多数癌症并不会通过细菌传染给自己，但还是控制不住她对细菌和癌症感到恐惧。

心理学家研究发现，恐惧心理的产生主要有两个方面的原因：第一，过去不愉快的亲身体验和心理感受。如“一朝被蛇咬，十年怕井绳”的典故说的正是这种原因导致的恐惧心理；第二，性格使然。如王娜那样性格较为害羞、内向、孤独且敏感的人，在日常生活中更容易从一些小事中萌生出恐惧感。

事实上，除上述两个方面的原因之外，导致恐惧情绪的最深层原因更多源自人们对事物的不了解和不确定。面对恐惧，如果我们只是一味地忍受和退让，最终将被恐惧支配我们的精神和肉体，让生活变得一团糟。但如果我们能够鼓足勇气，愿意直面恐惧，最终必然能够战胜恐惧，过上快乐安稳的生活。由此可见，要想克服恐惧，需要我们做到以下几点。

首先，承认并记录自己的恐惧，找出恐惧的源头，进而通过有意识地提高自身对事物的认知能力，扩大认知视野，将不必要的恐惧扼杀在萌芽之中，同时也增强了心理承受能力和对恐惧的免疫力。

其次，调整那些令自己感到恐惧的记忆和妄想，切勿执迷于此，学会活在当下，培养积极乐观的生活态度和坚强的意志，笑对人生。

最后，加强心理训练，提高心理素质，一旦发现自己深陷在恐惧中，要多同他人进行沟通和交流，寻求行之有效的外界帮助。

2 怒火中烧，惹是生非

愤怒是人类原始的本能情绪，愤怒除了指人们在愿望未能实现或者在达成愿望的过程中受到阻挠和挫折时的一种紧张而不愉快的情绪体验之外，还指人们对当今某些社会现象、他人遭遇，甚至与自己无关事项的极度反感。愤怒更多被归类于道德和修养的范畴。

研究人员发现，愤怒时人们的五官会发生一系列如眉毛降低、鼻孔扩张等显著的表情变化。这种愤怒状态下的面部变化被社会学家称为“愤怒的脸”。心理学教授克斯米德斯和人类学教授杜比认为：“‘愤怒的脸’的功能是恐吓他人，就像青蛙会鼓起自己的肚子或狒狒露出自己的尖牙。”美国加州大学圣塔芭芭拉分校和澳大利亚格里菲斯大学的研究人员发表在《进化和人类行为学》上的一篇研究报告中，更是明确了导致进化出“愤怒的脸”这一特定特征的功能性优势。

作为人类的本能情绪，出生两三个月的婴儿在愿望未能得到满足时就会有愤怒的表现，除面部表情的变化外，行为方面表现为大声哭泣。年龄稍大一点的幼儿的愤怒行为表现有坐在地上耍赖哭闹、不说话或大喊大叫、摔砸物品等。伴随着年龄的成长，不同年龄阶段和不同性别的人愤怒的形式和程度也都有所差别。

当人体产生愤怒情绪时，神经系统的剧烈反应会引起肾上腺激素的大量分泌，造成血管收缩、血压升高、丧失正常的认知能力和思维能力。在这种情况下，人们很容易做出一些“违反常理”的事情，从而酿成大祸。

中国著名学者萧白曾说："一把火的愤怒，最先烧焦的是自己。缩回伸出去的手掌吧！"而美国科学家富兰克林也认为："愤怒一旦与愚蠢携手并进，后悔就会接踵而来。"这两个观点同中国古语"先怒则必后悔"所表达的思想是相似的。

可见，愤怒不仅会让人的面目变得丑陋，也会扭曲个体的判断能力，使个体丧失理性，对他人和自己造成一些不必要或无法挽回的伤害。学会对自己的愤怒情绪进行合理控制是非常有意义的。但控制愤怒并不等同于压抑愤怒，而是要学会探究导致愤怒的根源，以及更合理地表达自己心中愤怒的方法。我们可以尝试以下方法。

首先，承认愤怒情绪的存在，集中注意力感受自己在愤怒状态下的身体反应，评定自己的愤怒程度。

其次，保持深呼吸，让自己的情绪慢慢平静下来，去想想这样生气值得与否、暴怒会带来的不良后果，找回应激情况下应有的理智。

最后，也是最重要的一点，就是要提高个人修养。

信重是一名日本武士，有天他问白隐禅师："这个世界上真的有天堂和地狱吗？"白隐禅师反问道："你的职业是什么？"信重答："武士。"

白隐禅师突然提高音量说："我看你的面孔更像是一名乞丐，真不明白什么样的主人才会让你做他的门客？"听闻此话，信重顿时怒从心生，他双手紧紧按着剑柄，好似随时都会将剑拔出。

白隐禅师却假装没有看到信重的愤怒，继续毫不在意地说："你虽然有一把剑，但不用看都知道它太钝了。我看连我的衣服都割不破，更别说砍下我的脑袋了。"信重再也忍受不了禅师的羞辱，他将手中的剑拔了出来指着禅师。禅师轻叹道："地狱之门已经朝你打开。"

片刻，信重似有所悟，他将剑缓缓地插回剑鞘，朝着禅师深鞠一躬。禅师微笑着说："天堂之门由此敞开。"随即，翩然离去。

修养，是一个人对人对事的态度和行为，是在不断遇到的经历和获得的经验中所历练形成的。遇事临危不乱，是一种修养；宠辱不惊，也是一种修养；大度释怀，是一种修养；勇于承认自己的错误，也是一种修养。只有正确了解把握自身情绪与性格特征，在每次要发怒时及时醒悟、随后加以控制休整，才能如同信重一样把自己变成一个宠辱不惊、有大胸怀的人，安然地远离愤怒情绪的深渊。

3 小烦躁，大失败

1965年9月，世界台球冠军争夺赛在美国纽约如期举行。从初赛到决赛，选手刘易斯·福克斯一路发挥得非常稳定，人们纷纷预言他将成为这一届世界冠军。

在决赛即将结束时，一只突如其来的苍蝇落在了主球上。福克斯慌忙挥手，试图将苍蝇赶走。当他再次拿起球杆弯下身准备击球时，那只苍蝇又落在了主球上。

细心的现场观众发现福克斯的情绪此刻出现了一些微妙的变化——他用手不停地驱赶苍蝇，但不管他将苍蝇赶到多远的地方，只要福克斯拿起球杆准备击球，苍蝇就会准确无误地落在主球上。福克斯的情绪慢慢变得烦躁、焦虑起来，在多次驱赶苍蝇无效之后，他烦躁地拿起手中的球杆朝着主球上的苍蝇挥去。球杆不小心触碰到了主球，这被裁判判定为击球，从而使福克斯失去了领先对手的绝佳机会。

面对驱赶不走的苍蝇和失去的机会，福克斯变得更加烦躁。接下来的几局比赛中，他一直没有将自己的情绪调整回来，而对手迅速赶超，最终摘得了世界冠军的桂冠。

作为一名身经百战、有着丰富台球比赛经验的选手，福克斯应当明白，一只苍蝇几乎不会对比赛过程造成任何的影响。但他却因一只小小的苍蝇严重影响了自己的比赛情绪，被烦躁情绪所干扰，错失了世界冠军桂冠。

烦躁，在中文释义中多为心中烦闷不安，急躁易怒，甚至手足动作及行为举止躁动不安的表现。在忙碌复杂的现代社会中，“烦躁”一词时常被人们挂在嘴边。有一些人，不管是在工作、生活，还是人际交往时，很容易因为一些极其微小的刺激而扰乱自己平静的心绪。甚至有人在独处时，也会经常莫名其妙因为想到一些事情而感到烦躁，进而影响自己原本的心情和计划。

范敏和好朋友李斌在一起吃饭时，聊起人生中最后悔的一件事时，范敏语气万分沉痛地说：“我最后悔的就是高考那天为什么非要与一个和我无关的人较劲。”李斌好奇地说：“此话怎讲？”范敏问李斌：“你还记得高考那天吗？重庆的天气无比闷热，数学考试在下午。”李斌回答道：“是的。可是这和你的后悔有什么关系呢？”

范敏诉说道：“我是一个不午睡就会生气的人。那天我因为太紧张了，午睡只是稍微闭眼休息了一会儿。我坐在考场上，心中本来就有些烦躁。大概开考半个小时之后，坐在我后面的考生突然开始轻轻但很有频率地用手指击打桌面。”

李斌问道：“他是不是影响到你的情绪了？你当时是什么反应？”范敏回答道：“是的，他的行为对我造成了很大的困扰。我先是用背靠了一下他的桌子，提醒他不要再敲了。谁知，他不仅没有停止，反而变本加厉地加快了敲击速度。我只好趁老师不注意时转头轻声提醒他，但依然没用。当时我觉得自己已经愤怒得快要爆炸了，想要把他撕个粉碎。”

李斌问道：“你为什么不报告老师？”范敏说：“有报告。但声音太小，老师认为我在小题大做，所以没有采取什么措施。但从那时起到考试结束，我再也没有办法恢复平静，心里烦躁透顶。”

李斌追问道："最后你数学考得怎么样？"范敏无奈地回答道："结果可想而知，我基本上没有做几道题。原本正常发挥的话，考取二本没有任何问题。但因为数学没考好的关系，我只好选择复读，白白浪费了一年的美好时光。"

刘易斯·福克斯因为一只苍蝇而错失世界冠军桂冠，范敏因为他人用手指敲桌子而引发烦躁情绪导致高考失利，这两个看似没有任何交集的故事却体现了一个相同的道理：面对烦躁情绪，如果不对其加以控制，任其肆意发展，在影响我们的身心健康的同时，更有可能因此引发更大的失败，令人遗憾和叹息。

因此，这就需要我们在感到心情烦躁时，及时采取心理调适，方法如下：

首先，进行积极的心理暗示。作为心理现象的一种，暗示又可分为积极暗示和消极暗示。面对烦躁的情绪，如果我们采取消极暗示，不仅无益于调节情绪，反而会加重烦躁情绪，让事情变得更加复杂。

其次，转移注意力。如果我们因为某人或某事而陷入烦躁情绪，不要让自己陷入刺激事件中无可自拔。学会转移注意力和目标，通过看书、听音乐或者外出走走等方式，将自己从刺激事件中暂时抽离出来，使烦躁情绪自然而然地得到缓解。

再次，多同他人进行沟通和交流，在倾诉和聆听开导的过程中让自己烦躁的情绪得以调整和消除。

最后，当感到心情烦躁得不想同他人说话，对周围的一切都感到厌倦时，可以尝试运动释放法，如一个人外出爬山或跑步等，借助体力消耗让烦躁情绪得到很好的排解。

4 不停歇地抱怨

国外神经科学家和心理学家曾找到一些长时间处于抱怨环境中的人，对他们的大脑活动进行分析，最后得出结论：如果一个人长时间处于聆听他人抱怨话语的环境，听到太多的负面信息，慢慢就会变得愚蠢和麻木，甚至会出现一些生理性疾病和心理困扰。

这主要是因为人类的情绪具有一定传染性。当个体听到抱怨等信息时，大脑会很容易在脑海中搜寻和回忆类似的记忆产生共鸣，进而出现一些较为负面的信息和情绪。

心理学家将人们的抱怨分为两种：一种是抱怨别人，如抱怨爱人对自己关注不够、隔壁邻居发出噪声扰民等；另一种是抱怨自身所处的环境，如抱怨道路拥堵、公司风气不正等。综观所有抱怨者的语言和行为，可以发现人们不停地抱怨的表象之下隐藏着类似“我是对的，你是错的，你必须听我的”的心理共性。

心理学家认为，有些人之所以总是不停地抱怨，原因有以下三点。

第一，源自未得到满足的期待值。日常生活中产生抱怨的最直接诱因是“对现状（包括自己、他人、环境等）不满”，这也就意味着当事人的心里有一个标准或期望，当期望未得到满足时，当事人就会反复受挫，不停抱怨。

电影《重返二十岁》中，归亚蕾饰演的婆婆希望儿媳妇是一个身体健康，能上得厅堂、下得厨房的优雅女人。因此，每次见到患有心脏病、身体羸弱而休息在家的媳妇时，她不是嫌弃她妆容不整洁，就是在孙子、孙女面前抱怨儿媳妇不知道打扫卫生、炒菜太难吃，就连一碗简单的鱼汤都做不好等。终于有一天，儿媳妇被婆婆的不停抱怨气得心脏病复发而紧急入院，差点失去了生命。

第二，在追求愿望的过程中曾受到打击，缺乏自信和行动力。在美国心理学家塞利格曼进行的习得性无助实验中，被不停电击的狗在逃离无望后，最终放弃了努力。这与生活中喜欢抱怨的人的心理大致相似，他们在觉得改变现实无望之后，通常会用嘴巴上的抱怨来缓解内心的焦虑和痛苦，而不是采取实际行动。他们在批评和指责别人的时候会产生优越感，有一种自己很强大的错觉，但实际上他们缺乏用行动改善现状的自信和勇气。

第三，情感表达方式不恰当，误将情绪当情感。

在肖敏的记忆中，每次只要回到家中总会听到妈妈不是在抱怨爸爸不知道主动帮忙干活，就是在抱怨肖敏和弟弟好吃懒做等诸如此类的话。

这天中午，肖敏和妈妈在厨房包饺子，爸爸走过来问：“要用哪个锅下饺子？”妈妈不耐烦地回答道：“每天都做饭，难道你不知道要用哪个锅吗？这种事情还用得着来问我吗？”爸爸讪讪地说：“我不是想要确认一下吗？”妈妈喋喋不休地抱怨道：“这有什么好确认的。每天煮饭不都是那两个锅吗？整天不知道你们在家有什么用？”本来好脾气的爸爸在听到这些话之后扭头离开了，而妈妈仍然在同肖敏抱怨爸爸的不是。当天中午，因为爸爸和妈妈冷战，家里的氛围十分尴尬。

其实，对肖敏的妈妈而言，她抱怨的目的并不是真的责怪丈夫，而是希望借此机会让丈夫对自己和这个家多一些关心。只可惜对方只是感受到了她的抱怨情绪，并没有听懂她抱怨背后所隐藏的情感，最终导致家庭冷战的发生。

要想避免自己陷入不停歇的抱怨，抱怨者需要做到的是：首先，明白抱怨的危害所在；其次，当意识到自己在抱怨时，立刻停止抱怨；再次，冷静下来反问自己："为什么要抱怨？抱怨之后事情会出现自己期望的结果吗？"最后，放松心态，怀抱平常心。

而对那些时常倾听抱怨的人来讲，面对抱怨者，应当做出如下对策：首先，尝试在不伤害对方自尊心的前提下，帮助他们认清抱怨对自己和别人所造成的危害；其次，通过沟通交流帮助他们放宽心态，学会欣赏并接受身边的人和事；再次，帮助他们改变认知，合理设置期望值；最后，帮助他们正确区分情绪和情感，引导他们采用更加积极、正面的方式表达情感。

总而言之，不管是抱怨者还是倾听抱怨者，都应当明白：只有远离抱怨，正视自我，从改变自己做起，才会看到一个全新的自己和更美好的世界。

5 恶语伤人六月寒

庞明和小丽本来是很好的朋友，但在一次争执中，小丽感到自尊心受到了伤害，一气之下，用微信给庞明发送了很多难听、恶毒的话。而庞明只是安静地看着，一语不发。

当小丽的情绪冷静之后，她再次发微信请求庞明的原谅。然而，庞明并没有说自己是否会原谅她，只是发了一段文字，告诉她："我的回答就在下面的故事中，你自己体会吧。"

故事是这样的：

"森林中，熊与同伴在争斗中不小心受伤了。走投无路时，它来到猎人的小木屋前，请求猎人对它施以援手。看到熊身上的严重伤势，猎人二话不说便将自己的医药箱拿出来，小心翼翼地帮助熊清理和包扎伤口。他还体贴地给熊拿来自己打猎得来的肉补充体力，熊感到非常感动和温暖。

"因为小木屋中只有一张床，猎人爽快地邀请熊和自己同睡。对此，熊更加感动于猎人的关心和照顾。但是，当它高兴地掀开猎人的被子躺在床上时，身上的臭味也随之钻进了猎人的鼻子中。猎人忍不住挥舞着手臂大声说：'刚才怎么没有发现你身上这么难闻？我从来没有闻过这么无法忍受的味道。天下第一臭虫，非你莫属。'

"听到猎人的话，熊什么话也没有说，安静地躺了下来。第二天一早，伤口还没愈合的熊不顾猎人的再三挽留，毅然离开了小木屋。

“又过了几年，猎人在森林中偶然遇见熊，他高兴地问候道：‘那时候你受伤那么严重，现在伤口应该都愈合了吧？’熊冷冷回了一句：‘肉体上的伤口早已经愈合了，但心灵上的伤口却永远无法得以痊愈。’”

看到这里，小丽明白自己再也没有办法得到庞明的原谅了。

古人有云：“良言一句三冬暖，恶语伤人六月寒。”不管是小丽一气之下说出的恶语，还是猎人无意中说出的恶语，本质上都对倾听者造成了很深的心理伤害。一般而言，说话狠毒的人主要有以下心理。

第一，偏激心理、不成熟的思想在作祟。对这类人而言，如果有人说了或做了让他们感到生气的事情，他们会感到自己遭受了极大的伤害。出于打击报复，“我不好过你也别好过”等不成熟的想法，他们通常会选择狠毒的语言作为反击手段。

心理学家认为这种较为幼稚的行为表现，实际上属于自我防御机制的一种。他们通过这种有些激烈的方式来保护自己的“玻璃心”。言语看似强悍，实际上内心脆弱不堪。

第二，自己不自知，无意而为之。处于这种情况的说话者，他们并没有意识到自己的言语会给别人带来怎样的伤害。这类人通常性格较为单纯、直接，虽然说话让人感觉不舒服，但并没有什么恶意。需要我们注意的是，要提防那种借由“我就是说话直”而理直气壮地用言语去伤害他人的人。

齐露露和任玲是好朋友。无论是在学习上还是生活中，任玲对齐露露都非常照顾。但是，齐露露总会故意说一些话伤害任玲。

某天，任玲一如既往地帮齐露露整理好床铺。谁知，刚刚整理完，就听到齐露露在宿舍中大声呼喊：“快来看看我的‘老保姆’把床铺得多好。”

除了公然称呼任玲是她的“老保姆”以外，齐露露还会肆无忌惮地说任玲“太丑”“太胖”等人身攻击性的话。好几次，任玲都明确对她表示，不希望再听到这样伤人的话。但齐露露总会两手一摊，无辜地摇头说：“我不是故意要伤害你的。你也知道，我是一个直性子的人。你大人有大量，多多包涵。”

对齐露露这种不经过大脑思考就将话语扔出来对别人造成伤害的人而言，要想改变这种情况，应该做好以下几点。

首先，应当明白“己所不欲，勿施于人”的含义。世界上很多人听到别人对自己恶语相向时，会感到非常愤怒和伤心。但同时，他们也总是用同样的言语对别人造成伤害。

其次，无论什么时候都应当明白，什么话该说、什么话不该说，话说出来会产生怎样的后果。

最后，常怀同理心，加强自我情绪控制，学习说话的技巧，巧妙地提出自己的意见、看法以及不满等，达到更高效的良性沟通。

6 悲伤逆流成河

王弗是进士之女，她生性聪明沉静，知书达理。16 岁时嫁给了 19 岁的苏轼。新婚之时，她没有告诉苏轼自己读过书的事情。但每次苏轼读书时，她都会守在旁边，始终不曾离开。当苏轼偶然间有所遗忘时，她就会轻声给予提醒。后来，苏轼故意提出书籍中的问题想要考王弗，没想到王弗都能够从容地一一作答，这让他心中又惊又喜。

从新婚到王弗 27 岁去世，苏轼夫妻两人情深意笃，恩爱有加。因此，王弗的去世让苏轼的精神受到很大打击，心中悲痛万分。他时常在深夜回想起两个人的点滴片刻，也在《亡妻王氏墓志铭》中将悲伤之情深深地隐藏在平静的语气之下。熙宁八年正月二十日夜，因与朝中权贵不和，被外放至密州的苏轼在梦中见到已经离世十年的亡妻王弗，醒来之后，曾经的美好与现实的凄凉让他越发感到悲痛不已。

于是，他起身到桌前提笔写道："十年生死两茫茫，不思量，自难忘。千里孤坟，无处话凄凉。纵使相逢应不识，尘满面，鬓如霜。夜来幽梦忽还乡，小轩窗，正梳妆。相顾无言，惟有泪千行。料得年年肠断处，明月夜，短松冈。"

由此，成就了一首被后世广为传诵的悼亡词《江城子·乙卯正月二十日夜记梦》，每每读来都能使人感受到其中所包含的真挚深情和生离死别的悲伤之情。

悲伤是由分离、丧失和失败引起的，包含沮丧、气馁、意志消沉以及孤独等情绪体验。作为发展心理学、健康心理学和心理病理学等多种学科共同关注的问题，它被人们看作一种消极、负面的基本情绪。

美国心理学家伊丽莎白·库伯勒·罗丝在《论死亡与临终》一书中将悲伤分为否认、愤怒、讨价还价、消沉和接受五个阶段。其中，处于否认阶段的人们在面对分手、死亡等事实时，总是持“这不是真的”等信念，不愿意相信发生的既定事实。他们会假装所有的一切都还像原先一样，没有哭泣、接受，甚至没有意识到已经失去。

根据程度不同，悲伤被分为遗憾、失望、难过和极度悲痛。而程度的划分主要取决于所失去东西的重要性、价值大小、主体的意识倾向和个人特征。

杨萌是一个性格较为敏感、细腻的人，她喜欢同班同学李塘已有五年的时间，两个人时常打电话聊天。很长一段时间内，杨萌都以为李塘其实也喜欢自己，只是在等待一个更好的时机向她表达。

这天晚上，杨萌在同事聚餐时喝了一点酒，她想：与其和李塘这样暧昧不清，不如直接挑明，落个心静。借着酒劲儿，她给李塘打电话直接告白：“我喜欢你，我们在一起吧。”李塘开玩笑说：“你是不是喝多了？”杨萌坚定地回答道：“我很清醒。我喜欢你，你也喜欢我，不是吗？”

李塘有些疑惑但又深表歉意地说：“我什么时候说过喜欢你？给你造成这样的误会真的很不好意思。”杨萌听后，语气变得有些哀求：“可是我们相处得那么好，给我一次机会不行吗？”李塘却一口回绝道：“我们两个不合适，我们性格太像，而我很讨厌我自己。”一瞬间，杨萌心如死灰。

晚上躺在床上，杨萌的眼泪如同决堤的洪水。曾经设想过无数次同意或拒绝的画面，但她无论如何都没有想到李塘拒绝自己的理由竟然是因为两个人太像，这个理由多讽刺啊。杨萌想：“还不如直接说不喜欢、不合适呢。”

第二天，杨萌没有上班，她一个人呆呆地坐在床上抱着膝盖，没有胃口吃饭、喝水，看什么都没有意思，脑海中总会不停地回想起李塘拒绝自己的话，然后不由自主地泪流满面。

美国学者在对几百名不同性别的实验者进行研究后发现：哭泣过后，人们的情绪普遍比哭泣之前要舒畅得多。随后，学者通过更进一步的研究发现：在悲伤时所产生对人体有害的生物活性成分，在哭泣过后降低 40% 左右。而那些不喜欢或不擅长用眼泪释放悲伤情绪的人较之悲伤时放声痛哭的人更常出现结肠炎、胃溃疡等身体疾患。

此外，比利时勒芬大学学者菲利普·维迪恩和萨斯基亚·拉维伊森为了测试悲伤的影响程度，要求 233 名学生对自己近期出现的情绪片段、持续时间以及应对策略等方面进行回忆和表述。最终得出结论：在人类众多情绪中，悲伤情绪持续的时间最久，远超羞耻、吃惊、惊讶等情绪。

当我们感到悲伤时，可能会出现如胃部空虚、缺乏精力、口干、有窒息感等生理反应。而在精神和行为上，则会产生视听幻觉、失眠、不愿意参与社会活动、睹物思人等表现。心理学家认为，短时间内的悲伤能够帮助我们更好地调节受伤的心情。但长时间、持续的悲伤不仅对情绪的恢复毫无益处，反而会削弱个体免疫力，严重影响到身心健康。

那么，面对长时间的悲伤情绪，我们应当如何进行控制和调节呢？

首先，我们可以借助语言的力量，通过有意识地观看相声、小品、喜剧等幽默作品来帮助自己有效地缓解悲伤情绪。

其次，我们可以借助美食、运动、音乐等外在力量分散注意力，使悲伤情绪得到一定程度的疏散。

再次，不要压抑自己的情绪，可以通过倾诉和哭泣等方式及时地宣泄情绪。当感到悲伤时，不要一个人憋在心中苦苦压抑，而是应当向信任的人进行倾诉和沟通，或者大哭一场来释放心中郁积的悲伤情绪，以此保持身心健康。

最后，我们要明白任何一种情绪都是合理存在的，保持内心的理性、安宁，无论遇到多么艰难的事情，最终都可以迎刃而解，平稳度过。

7 范进中举，乐极生悲

“乐极生悲”主要用来形容一个人快乐到顶点转而发生悲哀的事情。乐极生悲原写为“乐极则悲”，出自《史记·滑稽列传》。

相传战国时期，齐威王喜欢彻夜饮酒，且不醉不睡。这一年，楚国派兵进攻齐国，齐威王非常慌张，他派遣信使淳于髡前往赵国请求帮助。淳于髡利用自己的聪明才智和三寸不烂之舌成功地说服赵国派遣 10 万大军前来齐国救援，使得楚军落荒而逃。

齐威王非常高兴，他在宫中设宴款待淳于髡以示庆贺。他问淳于髡：“你的酒量是多少？”听闻此言，淳于髡知道齐威王今夜必定不会轻易放过自己，怕是又要不醉不归。略作思考之后，他拱手说道：“我这个人，有时仅仅喝一杯酒就会醉倒，有时却要喝一瓶酒才能醉倒。”

齐威王听完这个回答有些迷惑不解，他认为这只是淳于髡不想喝酒的借口。淳于髡连忙解释说：“我的酒量在不同环境、不同情况以及不同心情下是会发生变化的，当一个人喝酒不加以控制时，最后就会因为醉酒而失去约束，乱了礼节；如果放任快乐而不加节制，就可能会随之发生悲伤的事情。”在座的众人连连点头。

淳于髡继续说道：“所以，我认为无论喝酒还是享乐，人们做任何事情都是一样的道理。如果不控制而是放纵其自由发展，超过了一定限度后，就会走向事物的反面。此所谓‘酒急则乱，乐极则悲’。”

齐威王听后，当场表示自己接受了淳于髡的劝告，从此改掉彻夜饮酒作乐的嗜好，避免自己和国家走向歧途。

中医学书籍《黄帝内经》中写：“喜乐者，神惮散而不藏。”这里所说的“喜”，正是大喜，是过分的、没有任何约束的高兴和兴奋。正常的喜乐，会让人感到精神愉快，心旷神怡；当喜乐过度时，这种情绪就会影响人们的心神，损伤心气。在新闻报道中，时常会有关于某人因高兴过头而导致心脏病突发的事件，正是这个道理。

乐极生悲，其所蕴藏的道理同物极必反差不多。当人们在乐极状态时，快乐的情绪会占据大脑，从而缺乏理性的控制和思考。清代作家吴敬梓创作的长篇小说《儒林外史》第三回描写了这样一个故事：范进从年轻时就开始考举人，可是到了50多岁还没有成功。最后一次考试，当他没有怀抱任何希望，却突然得知自己成功中举的消息后，高兴地大叫大跳。结果，大喜过后便成了疯子。

任磊高中毕业之后在一家面包厂打工，每天的生活都过得紧凑而充实。美中不足的是，老板娘为人小气且严肃，总是像上学时的班主任那样死死地监督着工人，让人有些喘不过气来。这天，当工人们正在车间努力地工作时，突然机器停止了轰鸣，整个车间陷入了一片寂静。

原来不知什么原因停电了。片刻的沉寂过后，随之响起的是工人们的欢呼雀跃之声。老板娘只好无奈地说：“既然停电了，大家就休息一会儿。但是不许离开车间，避免等会儿来电之后耽误工作进程。”于是，工人们有的三五成群地聚在一起聊天说笑，有的人则坐下来打开手机看视频，大家各自做着自己的事情。

任磊和陈林对这个意料之外的休息时间比其他人更感到开心，他们在车间里放着音乐、跳着舞。慢慢地，工人们都围聚上前鼓掌叫好，这更刺激了任磊的兴奋度。他不再满足于一些简单的舞蹈动作，开始做一些炫技的高难度动作。

正当人们沉浸在欢乐之中时，突然任磊大叫一声歪倒在地上，抱着自己的脚踝痛苦地惨叫着。原来，过于兴奋的他想要挑战一个还不熟练的高难度动作，一时不慎，扭伤了脚腕。

总而言之，快乐是一件好事，喜悦的情绪也是人生美好的享受。但凡事都要把握好度，当你因为某人某事而高兴得无法自拔时，切记要提醒自己，将快乐保持在一个恰当的范围内，避免乐极生悲。此外，加强自我情感调节能力，保持稳定的心理状态等对我们控制情绪也都有着很好的帮助。

8 暴跳如雷，理性全无

在日常生活中，有的人平时看起来温和、谦虚，可是突然间会因为一件小事，仿佛炸弹瞬间被引爆了一样，从而骂人、打人。

作为人类发泄不满时的一种情绪反应，暴怒是指狂暴和不受控制的愤怒，最常伴有狂骂等发泄型行为。心理学中，阵发性暴怒症又被称作间歇性爆发性障碍，患者主要表现为：容易感到紧张、怀有强烈的不安全感和自卑感，以及对拒绝和批评过分敏感等。

阵发性暴怒症患者的愤怒同其受到的挑衅和心理刺激相比，总是有些反应过激。他们不仅会因为一些微小的事情勃然大怒，而且在心情平和甚至喜悦的状态下，也会毫无缘由地爆发怒火，但爆发怒火的时间往往不超过一个小时。当发泄结束后，他们先感受到放松和愉悦的情绪体验，紧随其后的则是更深的懊悔。

心理学家研究发现：人类中有 4% ~ 6% 的人会出现阵发性暴怒症，其中男性比例要高于女性。此外，阵发性暴怒症患者出现抑郁或焦虑的机会比普通人高 4 倍，染上毒瘾的概率比常人高 3 倍。

胡明性格暴躁，经常因为一些日常琐事与家人发生口角，动辄还会实施暴力。过年前，他向家中打电话时，偶然听到儿子提及老婆春芳还没有置办年货，顿时怒从心头起。他挂断电话后，连夜骑摩托车赶回家中想要教训老婆。

得知这一消息的春芳，惊慌之下带着儿子躲在亲戚家中。但最终胡明还是找到了春芳，将其暴揍得不省人事，被亲戚送至医院抢救。后来，胡明回到家中，又因为父亲让他去看望在医院治疗的老婆，竟将父亲推倒在院子中间，并且大声叫嚣着要收拾父亲。

心理学家认为，患有阵发性暴怒症的人大多在儿童时期有过至少一段较为痛苦的经历，如父母离异、家庭暴力以及被同学孤立等。他们缺乏控制愤怒情绪的能力，之所以平时看上去谦和、温顺，是因为他们一直在压抑自己不平静的内心和对他人的不满。如果想要使自己容易发怒的状况有所改善，并且能够成功地控制愤怒情绪，需要做到以下几点。

首先，我们要承认愤怒是一种正常的情绪反应，是不可回避的情感之一。当我们感到不满和愤怒时，不能过分地忍耐和压抑。因为长久的压抑不仅对解决事情毫无益处，反而会让情绪爆发得更加厉害。

其次，迅速离开触发愤怒的愤怒源。当感到愤怒时，我们往往会不自觉地靠近愤怒源，并且大喊大叫，这样只会加剧个体的愤怒。此时，应该迅速离开愤怒源，找一个地方坐下来静一静，这样能够很好地缓和愤怒的情绪。

再次，学会定期宣泄自我情绪，练习深呼吸。定期通过爬山、拳击等方式将自己积攒的负面能量进行疏解和发泄，减少心里积存的不良情绪。此外，由于愤怒情绪会激发人类的交感神经兴奋，合理运用深呼吸和想象力训练将会促进副交感神经兴奋，进而缓和交感神经兴奋所带来的身体反应，有效控制愤怒情绪。

最后，也是最重要的一点，当我们感到愤怒时，不要二话不说直接动手，应当尝试着和缓语气，耐心地向对方讲明自己究竟为什么愤怒。这样一方面可以避免冲动之下造成不可挽回的伤害和损失，另一方面也能够使愤怒者更专心于当下，避免被激起的其他情绪体验影响，引发更大的愤怒情绪。

第三章 03

当情绪失去控制（二）

1 只有食物可以给我安慰

故事一：

黄晴原本是一名专门负责文化娱乐板块的记者，工作清闲且自由，只要将领导布置的任务按时完成，剩下的工作内容就可以随意安排。可在单位的一次岗位调整中，黄晴从记者转为行政人员。除了每天按时打卡上下班以外，她还需要组织各种文化活动，并一手包揽活动策划、主持、摄影以及后期报告总结等整个活动流程。全新而繁重的工作让她感到极大的压力和不适应。

偶然的机会下，黄晴听同事说吃甜食能够增加人的幸福指数。于是，她买了一块巧克力，吃完之后心情似乎确实好了不少，不再像之前那样烦躁不安了。此后，不管去哪里，她都会随身携带两块巧克力。

故事二：

董玲刚刚得知男朋友劈腿的消息时，并没有如人们所预想的那样大哭大闹，而是怀抱一大袋零食窝在沙发上边吃边看各种搞笑视频。在这些零食中，她更偏爱面包、冰淇淋等甜食，每次吃再多也不觉得腻。

妈妈曾劝她哪怕是去找男朋友吵一架也比现在这样整天吃东西要好得多，但董玲说："我没有力气和他吵架。感觉心里空落落的，需要用食物来填满。如果不吃就会感觉心慌，仿佛悲伤和痛苦无处安放。”

历史上，古希腊人率先将食物和情绪联系在一起。中医学理论认为，人的情绪同脏腑功能有着密切的联系，如果一个人长期处于情志失调的状态，很有可能会对脏腑功能产生影响。唐代医学家孙思邈在其著作《千金要方》中也着重强调，医生只有善于使用食物对病人的情志和疾病进行调节和治疗，才能称得上是真正的好医生。

食物能够改善人的情绪，这主要是因为以下几点。

第一，大量的科学研究发现，某些特定的食物能够影响人类大脑中某些化学物质的产生，从而改善人的心情。比如，上述案例中黄晴和董玲不约而同选择了巧克力、冰淇淋等甜品来调节自己烦躁和悲伤的情绪。

当人体感到心烦意乱或者心力交瘁时，大脑最需要的就是糖分。而如面包、冰淇淋食物中的牛奶、鸡蛋及面粉等原料能够直接转化成糖，迅速补充人体，特别是大脑的能量需求，让人感到满足。此外，巧克力中含有丰富的安神和抗抑郁的镁元素，以及能够帮助调节情绪的苯乙胺，这些也都能够让人变得更快乐。

哈佛大学的研究报告也指出：“深水鱼含有丰富的鱼油，而鱼油中的OMEGA-3脂肪酸，有常用的抗抑郁药如碳酸锂的类似作用，即能阻断神经传导路径，增加血清素的分泌量，让人变得比较快乐。”

第二，除生理方面的原因之外，在心理上，当人处于烦躁、悲伤等不良情绪状态时，需要找到一个发泄方式或可替代的物品来填补空虚的内心。这个时候吃东西就成为一种简单方便且能够同时满足人们味觉、视觉等多重享受的最佳选择。

但是，当我们感到情绪悲伤时，不一定都需要吃冰淇淋等甜品来调节情绪，我们可以尝试利用注意力转移法、运动以及倾诉等方法来改善心情。

当然，如果能够避免暴饮暴食或借助于饮食逃避解决问题，不良情绪入侵时采取进食适量食物的方法来释放情绪也没有什么坏处。

在生活中，当我们感觉非常烦躁、愤怒之时，可以试着吃一把瓜子。瓜子中含有能够帮助去除火气的 B 族维生素和镁。营养学家认为，镁是一种能够让人的大脑神经和身体肌肉变得轻松、舒适的物质。

当我们感觉情绪较为压抑、有透不过气来的感觉时，可以选择多吃些菠菜。因为菠菜中不仅富含维生素 C，还含有丰富的镁。

当我们感觉学习或工作时大脑反应较为迟钝，精神难以集中，无心做事，总是昏昏欲睡时，可以尝试在早餐时吃一个鸡蛋。鸡蛋中除含有能够帮助提高记忆力和集中注意力的胆碱外，还含有维持人体正常运转所必需的多种蛋白质。

2 沉默中释放“暴力”

王芬今年 45 岁，在一家私企做人事工作。她有个女儿叫静静，今年刚满 15 岁。清早起床，准备好早餐的王芬一边叫静静起床，一边快速地洗漱、化妆、穿衣。当她准备好一切时，本以为静静已经坐在餐桌前吃饭，一扭头发现静静还躺在被窝里一动不动。

她瞬间火冒三丈，冲上前掀开静静的被子，大声吼道：“天天晚上玩手机不睡，早上该起床不起。再不起来饭都凉掉了，我可没时间再给你热一遍。”静静躺在床上背对着王芬，不耐烦地说：“说来说去就这几句，能不能换句话？难道我逼你做饭了吗？烦不烦？”

当青春期撞上更年期，小至清晨起床、打扫房间，大到学校选择、成绩进退，都可能成为引发母女二人矛盾的导火索，每天总是硝烟四起。时间久了，王芬渐渐有些疲惫和厌倦，她感到这样的争吵不仅没有解决任何问题，也严重影响家庭环境和氛围。

她开始尽量避免和女儿待在同一个空间里，也避免直接的眼神交流。如果有需要沟通的事情，会借助微信来进行。比如，现在喊静静起床，王芬会先发微信“起床了”。如果静静继续赖床，她会再发送微信“就要迟到了，快点起床。”自此，虽然家中没有了争吵，也变得安静下来，但母女之间的感情也在这种机械的交流中变得越来越冷淡。

母亲王芬为了避免吵架而选择对女儿静静视而不见、只用微信交流的方式就是人们常说的“冷暴力”。冷暴力是暴力的一种，又被称作“精神暴力”。对于冷暴力的双方而言，他们虽然表面上互不理睬、没有冲突，但内心视对方为敌人，无时无刻不在进行暗战。

心理学中，冷暴力中的沉默除用来表达愤怒、漠视等情绪以外，还向对方传递出一种“拒绝解决问题”的态度，进而加速刺激对方的反抗、对立情绪，让事情呈现胶着化的状态，更不利于解决问题。因此，它被心理学家看作最不恰当的沟通方式。

冷暴力的表现形式简单总结为三“不”——不看，不管，不问。具体来讲：冷暴力的发动者总是保持沉默或很少说话，有意回避双方的交流，表现出一种冷淡、轻视、放任、疏远和漠不关心的态度，使对方从精神和心理上受到侵犯和伤害，最终产生“你不理我，我也不理你”的心理，被动接受冷暴力。

冷暴力主要分为家庭冷暴力和职场冷暴力两种。心理学家刘吉吉博士通过对北京、天津、武汉和长沙四大城市两千多个家庭进行调查，发现大约有93%的夫妻对自己的婚姻质量感到不满意，大约70%以上的家庭都曾存在不同程度的冷暴力。此外，朋友、恋人间也时常会发生冷暴力。

任颖和秦璐是好朋友，毕业后到各自走上工作岗位，虽然两个人不在同一个城市中，但仍然每天打电话分享彼此的生活。最近一次通话中，两个人针对“到底要不要考研”这个问题展开了火热的讨论。任颖觉得如果当下过得很好，没必要考研，而秦璐却觉得考研更多的是一种阅历和境界的提升。

其间，秦璐见怎么都说服不了任颖，情急之下脱口而出：“不考研，你一辈子只能待在那个闭塞的小县城中，过着现在这样斤斤计较的生活。”任颖听后，心有不快地回道：“原来你心中从来就看不起我和我的生活。”说完，便愤愤地挂了电话。

第二天，秦璐像往常那样打电话给任颖，却没人接。一连四五天，不管秦璐如何打电话、发短信，任颖仿佛消失了一般，没有任何回应。秦璐想："明知道是争论，何必那么斤斤计较。我又没做错，难道要像个傻子一样求着你吗？"

后来，秦璐再也没有联系过任颖，而任颖也没有联系过秦璐。两个多年的好友就这样在争吵过后的冷暴力中分道扬镳。

在日常生活中，不管是家庭、职场，还是朋友和恋人，人们之所以在争吵过后会出现冷暴力现象，大概包括以下几方面的原因。

第一，个性使然。有的人天生内向，遇到问题之后习惯将自己紧紧地封闭起来，并非故意制造冷战的局面。第二，逃避可能出现的冲突，如案例中的母亲王芬。第三，缺少争论的底气和信心，迫于无奈，选择沉默以对。第四，缺乏一定的沟通技巧，习惯用沉默来表达自己的不满、愤怒。

不管是何种原因引起的冷暴力，我们都需要充分认识到：冷暴力虽然表面避开了直接言语冲突和肢体冲突，但实际上不仅对真正解决问题毫无益处，反而会让双方积怨越来越深，从而引发新的矛盾和冲突，最终造成难以挽回的后果。因此，要想有效地打破"冷暴力"的局面，做好以下几点很重要。

首先，明白人生中大多数时候的争论并无确切的胜负输赢之分。先打破沉默的，并不代表认输和失去自尊，他恰恰是在尝试用更合理的沟通方式解决问题。

其次，掌握打破沉默的技巧。当对方沉默以对时，一味地追问"你为什么不说话"非但不能更好地解决问题，反而会加重对方的厌烦和反抗情绪。最好的方法是让对方明白不管有意无意，你已经从他的沉默中感受到了某种意思。比如，"我不知道你这样沉默是要告诉我什么"或"你这样沉默对待，让我感到很难受。如果我做错了什么事情，我们是不是可以谈一下”。

再次，“冷战”期间，双方不妨都自我反思一下，随后借助第三方来解决问题。当出现争执时，一味地指责对方的错误，无异于火上浇油。正确的做法是冷静下来进行自我反思，如果不好意思直接与对方交流，可以求助共同的朋友从中斡旋，从而打破冷战的局面。

最后，无论是否处于冷战之中，都要切记在沟通的时候，不管出现什么情况都不要“拂袖而去”。作为冷暴力的极端表现，这个动作会向对方传达出一种“我厌恶你，我拒绝沟通”的信号，加重彼此心中已有的嫌隙。

3 但愿长睡不复醒

斯尔曼的父母都是著名登山家，但他的一条腿因患有慢性肌肉萎缩症，就连日常走路都略微有些跛，更不要说登山了。11 岁那年，他的父母在乞力马扎罗山上遭遇雪崩不幸遇难，在遗嘱中他们希望他能够攀登阿尔卑斯山等世界级著名高山。

尽管对于父母的遗嘱感到震惊，但为了能够完成他们的遗愿，斯尔曼还是开始行动起来。他坚持每天锻炼身体，风雨无阻，多次到南极和沙漠等地适应极端艰苦的野外生活，积极为攀爬高山做一切努力和准备。

19 岁那年，他历时半个月终于登上了世界最高峰——珠穆朗玛峰。紧接着，他又在 21 岁和 22 岁分别成功登顶阿尔卑斯山和乞力马扎罗山。28 岁时，他已经成功攀登了世界上所有著名的高山，完成了父母的遗愿。

当人们都为他能够取得如此成绩而感到崇敬时，斯尔曼却留下一封遗书自杀了。他写道："我创造了那么多征服世界著名高山的壮举，那都是父母的遗嘱给了我一种生命的信念，是这种信念产生的巨大精神力量在起着作用。如今，当我攀登了那些高山之后，功成名就的我感到无事可做了，我没有了新的奋斗目标……"

斯尔曼因为失去了人生继续前行的方向和目标，对自己的人生感到无尽的迷茫，最终选择了自杀。现实生活中还有一些人，他们可能没有斯尔曼这样励志辉煌的经历和人生，但同他一样因为无法控制自己悲观的情绪而走上了自杀之路。

法国著名哲学家加缪曾说：“真正严肃的哲学问题只有一个，那就是自杀。”中国每年大约有 29 万人死于自杀，另有大约 200 万人自杀未遂。而自杀在美国被视为导致个体死亡的第十大原因，大约每天有 100 人死于自杀。

自杀是指“个体在复杂的心理活动作用下，蓄意或自愿采取各种手段结束自己生命的行为”。自杀行为的形成因素主要涉及生物、心理、文化及环境等各方面。心理学家对自杀与智商之间的关系进行系统的研究后表示，高智商的人较普通人更可能死于自杀，智商为 151 的天才儿童自杀风险是普通儿童的四倍。北京心理危机研究与干预中心调查表明：患有精神障碍、夫妻矛盾以及经济困难者位居最容易自杀人群的前三名，其中，自杀的人群中大约有 70% 的人患有抑郁症。

很多人在自杀前总会感到绝望、挫败，写出或说出自杀的想法和倾向，将自己喜欢的物品送人以及做出一些失去理性、异于平常的举动，并且他们的认知思维、情感等方面都含有极大的相似性。

第一，遇到挫折和困难时，倾向于采取“非此即彼”和“以偏概全”的思维方式，对自己、他人以及周边环境不能做出客观的评价，且较为固执、被动和缺乏决断力，将自杀看作彻底解决问题的一种手段。

第二，情绪善变，长期存在焦虑、抑郁、厌倦等负面情绪，并对这些负面情绪感到极度厌恶，难以接受。

第三，人际交往中害怕被拒绝，不善于建立和维护人际关系，有社交性焦虑和逃避社交的倾向和行为。

第四，生活中遇到较高频率负性应激事件，加速了自杀者实施自杀行为的步伐。

伴随着当今社会的迅速发展，人们面临的压力也在逐渐增大，抑郁症等精神性心理疾病的发病人群也在迅速增多。而一部分人选择逃避、无视等态度，不愿意直面自己内心的痛苦，使得情绪障碍和心理疾病无法得到及时有效的控制和治疗，最终出现暴力、自杀等极端行为。

因此，这需要我们一方面加强对自身负面情绪的觉察力和调控力，另一方面也要能够及时察觉出身边人的自杀倾向，通过建立信任关系、认真聆听以及向专业人士求援等方式，帮助其调整情绪、重新树立对生活的信心。

4 借酒浇愁愁更愁

杨龙是一名大四学生，准备公务员考试时，他告诉女朋友丽丽：“未来两个月我将全身心投入备考中，可能会因此忽略你。但是你放心，等考完试我一定会加倍补偿你。”丽丽张张嘴巴欲言又止，然后微笑着说：“不用管我。你安心复习吧。”

此后，杨龙每天起早贪黑地在图书馆中复习，就连吃饭也速战速决。两个月时间一晃而过，当杨龙满怀信心地走出考场拨打丽丽的手机时，却听到一个冰冷的声音：“您所拨打的电话已关机。”他想起临近考试那一个月因为极大的复习强度，每天连睡觉的时间都被压缩得所剩无几，自己似乎已经很久没给丽丽打电话了。

他满怀歉意地来到丽丽的宿舍楼下，心里计划着带丽丽去她最喜欢的海边旅游，借此弥补之前对她的忽视。这时，不远处有一男一女有说有笑地走过来，时不时还会有一些亲昵的动作，看起来非常恩爱。当两个人走近后，他才发现那个女生正是丽丽。

他立刻冲上前，一把拉住丽丽质问道：“他是谁？”丽丽轻描淡写地回答道：“我男朋友。”杨龙怒不可遏地吼道：“那我算什么？”丽丽依旧淡然地回答道：“一个毫无关系的人。”杨龙更加生气了：“明明我才是你男朋友。”丽丽气愤地说：“你见过一个月没有一个电话、一条短信的男朋友吗？我们已经分手了，不要再纠缠我。”听到这番话，杨龙失魂落魄地放开紧抓着丽丽的手，喃喃自语道：“好。那就这样吧，祝你幸福。”

当天晚上，从来不喝酒的杨龙买来一瓶白酒喝闷酒。他以为酒精可以麻醉自己悲伤的神经，帮助自己遗忘同丽丽在一起的时光，但当清晨酒劲儿消失，悲伤不仅没有散去，反而裹挟着失落和身体的酸痛加倍袭来。

现实生活中，很多人在感到心情烦闷或生活压力较大时，会借助酒来暂时麻痹自己的神经，将心中的苦恼和郁闷发泄出来。但实际上，这只是一种自欺欺人的行为。

斯坦福大学精神病学教授认为："短期内，也许喝酒会有解忧的效果，但长期来看，这是让人产生依赖症状的必经之路，而且酒含有的化学物质会加剧焦虑症状。"

正如俗话所说："借酒浇愁愁更愁。"喝酒根本无法让人们的压力和焦虑情绪得到真正缓解，也不会使人们感到真正放松。

心理学家表示，尽管生活中一些人明知道喝酒并不能够消除压力、伤心等消极情绪，但面临压力时仍然无法控制想要饮酒的冲动，会一个人喝闷酒甚至酗酒，这主要是因为"酒精摄入和压力感受有双向促进关系"。

芝加哥大学心理学家曾表示："酒精能改变人体应对压力的方式。一方面，承压时，人体释放激素皮质醇缓解压力造成的紧张感，但是酒精减弱了皮质醇的作用。另一方面，压力反过来改变了人在饮酒后的情绪体验，降低了酒精造成的愉悦感，让人想喝更多的酒。"这也就是说，一方面酒精进入人体后，会对人体分泌应压激素产生抑制作用，给人造成一种酒精能够解压的错觉；另一方面，在不断饮酒的过程中，负面情绪在酒精的作用下被无限放大，让人无法摆脱，想要继续通过饮酒来进行解压。

所以，有嗜酒习惯的人最好学会用酒精之外的方式合理发泄消极的情绪。首先，调整观念，用积极的心态看世界。每个人都会遇到挫折和压力，但因为观念思维的不同，有的人总是很快乐，有的人却总是沉浸在痛苦中。其次，不要给悲伤留有时间，让自己在忙碌与收获中得到治愈。最后，试着用更加合理健康的方式舒缓自己的压力和痛苦，如倾诉、运动等。

5 购物狂

在心理学中，购物狂是指“完全不假思索地购买各种物品的人”。购物狂可分为借助购物发泄情绪和只买不用两种类型。购物狂大多精神孤独、感情脆弱且富于幻想，并且缺乏负面情绪宣泄的渠道。

陈丽自幼父母离异，她跟随母亲一起生活。母亲每天早出晚归忙于经营饭店生意，当母亲偶尔休息时，陈丽凑上前想要和她聊天，母亲总会不耐烦地从口袋里拿出一沓钱说：“我很累，自己找朋友去玩儿吧。”

面对母亲的这种态度，陈丽一方面非常理解母亲想要休息的心情，另一方面心中又感到失落。起初，她会用自我安慰的方法来减轻这种失落感。可后来，处于青春期的陈丽也会愤怒地想：“既然你为了赚钱从来没有耐心地听我说过一句完整的话，那我就不停地花钱，看是你赚得快还是我花得快。”

在失落和愤怒情绪的双重夹击之下，陈丽渐渐开始迷上了购物带给自己的快感。开始，她沉迷于网络购物，家中每天都能收到很多快递包裹。后来，网购之余她又迷上了商场购物。她喜欢服装导购员亲切地询问自己喜欢什么风格的衣服，也享受她们细心为自己穿衣的服务，这种感觉让她感到非常温暖和舒心。

最疯狂的一次购物经历是她拿着高考志愿书询问母亲自己应该填

报哪所学校时，正忙于生意的母亲只是匆匆地看一眼说："只要在这个城市，随便填哪所学校都行，你自己决定吧。"陈丽顿时感到说不出的伤心和失落，还有愤怒。于是，她前往平时最喜欢的某家商场，一口气买了十万元的物品。当听到母亲打电话询问她怎么会花费那么多钱时，她的心中有一丝快感，但还有些许苦涩一闪而过。

电影《一个购物狂的自白》的女主角丽贝卡说："当一个长得很可爱的男生对你微笑时，你会觉得整个世界都在颤抖，视野顿时变得明亮与甜蜜吗？没错，当我看到一家商店时，就是这样的感觉！每当我在商店里流连忘返时，物质的充实感总会让我觉得世界是很美好的，也是很快乐的。如果有烦恼，那些意大利皮鞋的特殊气味，那些卡什米尔围巾的柔软触感，还有琳琅满目的八寸高跟鞋、裙子、首饰，那些物质所带来的冲击感，足以让人忘掉一切！"对丽贝卡而言，商场中物质的充实感和冲击感让她感受到世界的美好与快乐。

陈丽之所以选择疯狂地购物主要有两方面的原因。第一，母亲对她的"漠不关心"让她感到失落、痛苦和愤怒，出于一种发泄和报复的心态；第二，商场导购员给予她贴心的问候和周到的服务，弥补了她心中缺失的那部分被关心的需求。心理学研究表明：当个体心理受到伤害时，所拥有的物品能起到一定程度的平复心情的作用。其中，越是价值高的物品越有助于提高自尊和平复悲伤情绪。这正是人们在感受到悲伤、失落等负面情绪时选择疯狂购物作为补偿的原因所在。

但心理医生同时认为，尽管购买价格昂贵的商品能够帮助人们更快、更好地提升自我评价和修复负面情绪，但这不是解决问题的根本办法。尤其是对于大多数女性消费者而言，她们在负面情绪支配下尤其喜欢刷卡消费。虽然购物时很快乐，但当看到信用卡还款账单时又会出现懊悔、自责等负面情绪，是不利于情绪完全修复的。因此，为了避免在消极情绪支配下而冲动和过度购物，可以尝试着从以下几方面做起。

首先，学着改变。心理学上有一个规律，只要先改变人的行为，随后他们的认知也会做出一系列相应的调整。

其次，购物之前养成做计划、记账以及使用现金支付等习惯，这对疯狂消费行为能够有效地加以控制。

再次，出现负面情绪时，将注意力从购物转移到运动、倾诉、参与各种慈善捐助以及公益活动等方面。

最后，也是最重要的一点，面对负面情绪，在加强个体自我心理素质培养和情绪控制能力的同时，还要注意选择合理的情绪发泄方式，而不是一味地逃避。

6 无端迁怒他人

美国洛杉矶大学医学院心理学家加利·斯梅尔做过这样一个实验：他将一个乐观开朗的人和一个悲观消极的人关在同一间屋子里。不到半个小时，原本乐观开朗的人开始像悲观消极的人那样不停地叹气。加利·斯梅尔在此基础上经过进一步实验后证明：不良情绪像流感一样，如果不对其加以控制，它就会以惊人的速度传染给别人并不断地蔓延。

唐敏下班开车回家时遭遇严重的交通拥堵，下班前她刚刚因为老板的训斥而心情烦闷，此时看着前面停滞不动的车辆，她更加心烦气躁。她气愤且频繁地按动喇叭，甚至打开车窗破口大骂。

与此同时，陈方的老板下班前刚刚发布了下个月开始涨薪的公告。因此虽然遭遇堵车，他的心情依然没有受到丝毫影响。而正当他兴致勃勃地坐在车中哼唱歌曲时，突然听到后面响起一阵快速而激烈的鸣笛声和一个女人烦躁的怒骂声。陈方的好心情顷刻消失不见了，他开始感到莫名的烦躁，并在这种烦躁的驱使之下也反复地按动汽车喇叭。

不一会儿，经由唐敏诱发的烦躁情绪蔓延开来，原本安静的道路上响起了此起彼伏的喇叭声，而刺耳的汽车鸣笛声又让更多的司机和乘客变得烦躁不安。

心理学家把唐敏这种无端迁怒他人的现象称为“情绪转移”。作为人们并不陌生的一种心理防卫机制，它通常是指“原先对某些对象的情感、欲望或态度，因某种原因（如不符合社会规范或具有危险性或不为自我意识所允许等）无法向其对象直接表现，而把它转移到一个相对安全、大家较为接受的对象身上，以减轻自己心理上的焦虑”。

在日常生活中，人们要想对不良情绪进行有效的转移，主要通过消极心理转移和积极心理转移两种途径。其中，迁怒他人属于消极心理转移的一种。而我们要想避免给他人造成伤害则需要学会通过积极心理转移的途径将自身不良情绪进行转移。比如，借助于倾诉、运动、郊游等方式转移注意力。

黄亮最初站上讲台时，面对调皮捣蛋且不配合的学生常常感到手足无措。这种管理上的无力感进一步引发了他对自我能力的怀疑以及对教学工作的厌烦。

一天，他在课堂上讲解题目时被某位学生的恶作剧整蛊，当众出丑。愤怒不已的他回到家中对上前迎接的妻子劈头盖脸一通怒骂。妻子虽然明白他并非在生自己的气，但心中仍感到委屈不已。

第二天，妻子和黄亮进行沟通，说出他将工作中的不良情绪迁怒于自己身上的感受。黄亮听过之后，感到非常后悔和羞愧。他决定以后当自己感觉烦躁或愤怒时，就将那些让自己烦躁或愤怒的事全都写在纸上，直到情绪平静之后再去面对身边的人。慢慢地，黄亮的同事、学生和家人们都明显感到他变得更有涵养、品性温和了。

对那些无端遭受他人迁怒的人来讲，面对对方的迁怒不能“以暴制暴”，而是应当像上述案例中黄亮的妻子那样，尽量理解、宽容对方，进而通过言语沟通或行动引领等方式帮助他们从不良的情绪中尽快走出来，从而平静心情，控制情绪。

7 电话连环打

毕雪和男朋友吴东是通过网络游戏相识相爱的。从小父母离异的毕雪在恋爱中非常缺乏安全感，所以她要求吴东无论在忙什么事情必须每天至少给自己打一个电话。此外，只要自己打电话给吴东，他必须立即接听。

刚开始恋爱时，面对毕雪的要求，吴东虽然有些不高兴，但因为觉得她是爱自己才这么做的，所以也没说什么。只要有时间，他就会给毕雪打电话、发信息。随着毕业季的临近，忙碌于修改毕业论文和参加各种就业培训的吴东给毕雪打电话的次数慢慢减少了。

这天晚上，吴东在学校附近的餐馆和其他同学一起聚餐，毕雪像往常那样直接打电话过来，询问吴东在做什么。吴东简单地向她说明情况后，没有理会毕雪想要继续聊天的愿望就直接挂断电话。

随后电话那端感到有些困惑、委屈和不安的毕雪立即回拨过去，想要向吴东问个明白。吴东为了维持自己在同学面前的男人尊严，将手机设置为静音，没有再去理会闪烁不停的手机屏幕，继续与同学喝酒聊天。

恼羞成怒的毕雪在电话那端大声叫骂着："你为什么挂断电话又不接我电话？你是不是在做什么对不起我的事情？"毕雪反复不停拨打吴东的电话号码，直到吴东的手机耗尽电量自动关机为止。

对成长于单亲家庭的毕雪而言，一段恋情中当对方没有按照自己的意愿行事或者完全脱离自己的掌控时，很容易就会陷入极度恐慌和情绪失控的疯狂状态。与毕雪不同，公务员陈明则常在感到空虚时给熟识的亲朋好友逐个拨打电话。

陈明单身，他和同学、朋友之间的关系也比较疏离，不甚亲密，大多数时候他都享受这份清冷和孤独。只有在情人节、中秋节等节日，望着大街上来来往往热闹亲密的人群时，陈明才会感到内心的空虚感在被无限放大。

为了填补这份心慌无助的空虚感，他会反复查看手机中的通讯录，然后给亲朋好友打电话聊天。如果有谁不接电话，他就会反复拨打此人电话，直到拨通为止。

毕雪为了消除心中的愤怒和恐惧，陈明为了填补心慌无助的空虚感，而不停拨打电话。尽管目的不同，但两人出现了共同的行为表现，即当对方没有及时接听电话时，就会反复不停地拨打电话。这种伴随极度焦虑状态所产生的偏执、单一且重复的举动被心理学家看作强迫症的表现之一。

心理学中，强迫症是指“反复出现强迫观念和强迫行为为基础特征的一类神经强迫症性障碍”。患者可能仅有某种强迫观念或强迫行为，也可能同时包含强迫观念和强迫行为。强迫症患者通常会伴有明显的焦虑症状。临床上根据不同表现将强迫症大体分为以强迫观念为主，无明显强迫行为和伴有明显强迫行为两类。

对患者而言，强迫观念主要包括强迫想法、想象和冲动，它们以刻板印象反复进入个体的意识领域。比如，毕雪认为吴东只要不接电话就是在做对不起自己的事情，陈明认为朋友不接电话就是讨厌自己。

强迫行为是患者为了减轻内心焦虑而反复出现的刻板行为或仪式行

为。患有强迫症的人虽然从心理上明确知道强迫观念和强迫行为是没有必要的，但并不能用自己的主观意志对其加以控制。比如，毕雪每次给吴东疯狂打电话时，非常清楚这样的举动会让吴东感到厌烦，但总会控制不住自己继续拨打号码。

心理学家和精神病学家多年研究与分析之后总结得出，强迫症的治疗并非是一蹴而就的，而行为治疗中“暴露与不反应”是治疗强迫症的有效方法。

首先，我们需要学会认清并全身心地感受和体验自己的强迫观念和强迫行为，并且尝试控制自己对这些强迫观念和行为不做出任何反应。

其次，不急于改变当前的强迫症状，而是学习并尝试着将出现的强迫观念和行为放置一旁，让注意力转移，离开当前强迫观念和行为，用某些特定的行动来取代打电话等强迫行为。

再次，尝试将自己成功转移强迫观念和行为的经验记录下来，帮助自己建立自信。

最后，在做好以上几方面的基础上也可以借助于亲人以及所信任之人的帮助，多和他人进行沟通和交流。

总而言之，正如强迫症的治疗不可一蹴而就，强迫症的形成也并非是一日之功。要想预防强迫症的发生需要我们从注重性格培养、增强心理素质、学会容纳他人意见以及懂得顺其自然等方面做起。

8 心理失衡，背后闲话说不得

崔勇不仅文章写得好，长相也英俊不凡，广受女同事们的喜欢和追捧。陈晓十分嫉妒崔勇俊朗的外表。这天，走在上班路上，他看到崔勇又被一群女同事围在中间，其中还包括自己非常喜欢的女神孙颖。瞬间，陈晓的心中燃起了强烈的嫉妒之火。

一气之下，他向领导告状说："崔勇非常好色，私下里经常调戏公司里的女生。"领导听到此言后，立即将崔勇叫到办公室问道："希望你工作之余能够注重自己的生活作风问题。"

崔勇疑惑地问道："生活作风问题？不知领导您何出此言？"

领导思虑片刻说："最近有好几位同事都反映你私下里同女同事之间暧昧不清。"

崔勇正色回答道："绝对没有这回事。恰好相反，经常同其他女同事暧昧不清的另有其人。"领导反问道："谁？"崔勇依然正色回答道："我不会背后说别人闲话。具体是谁以及我究竟是否同他人暧昧不清，还请领导您自己调查判断。我只希望您调查后能够还我一个清白。"

我们从小就被教育不该在背后说他人闲话，我们也不希望自己成为他人眼中的"烂舌头"。但总有一些人会在某些时刻因为没有控制好自己的情绪而出现背后说人闲话的状况，最终悔之莫及。心理学家经过分析认为，人们之所以明知道在背后说人闲话不好，却又常常放纵自己这样做的心理原因在于以下几点。

第一，在当前社会，无论是在学校中还是在职场上，人际交往中闲聊他人的私密话题，特别是负面信息可以帮助人与人之间创建全新的社会联系。心理学家认为：与分享积极的信息相比，一起憎恨某人能够铸造更加牢固的关系。

第二，背后说人闲话既是满足报复心理的一种手段，也是帮助自己在竞争中获得快感乃至机会的跳板。

第三，背后说人闲话对自我是一种情绪疏解和释放，可以让个体感到安心并带来更多的快乐。

因此，这就要求我们一方面要学会掌握情绪控制的方法，时刻警惕心理失衡，避免被自我情绪尤其是负面情绪所操控。另一方面，也需要明白背后说别人闲话既不能给自己带来任何持续的满足感，也不能帮助自己有效地解决问题。

当像崔勇那样被他人在背后说闲话时，请不要盲目地辩解或反击，而是先要借此机会反思己过，问问自己是否曾经伤害到对方。如果没有，那么我们完全可以像崔勇那样正面回应，以此维护自己的声誉。

9 众人皆睡我独醒

唐隆经营着一家食品加工厂。最初几年，唐隆一直秉持诚信的经营理念，工厂的生意还算不错。唐隆也时常被人家羡慕道："你可谓是儿女双全、家庭美满、事业有成。"每逢此时，唐隆也总是微笑着点头回应，感到非常开心、满足。

但在两个月前，食品加工厂先是被媒体曝光出"生产食品存在卫生隐患"，紧接着又遭遇国际金融风暴的来袭，唐隆心里非常着急。正当他为工厂的事情忙得焦头烂额时，妻子又在体检中被检查出患有乳腺癌。接二连三的打击使得唐隆整夜都睡不着觉，每当夜深人静时，他总是焦虑地在屋子里走来走去，喝很多水或发呆，甚至还想过一死了之。

在心理学中，像唐隆这样因为焦虑而引发的失眠被称为焦虑性失眠。具体而言，焦虑性失眠是指一种持续性不安、紧张、恐惧等情绪性睡眠障碍。焦虑性失眠主要表现为难以入睡、睡眠浅、容易惊醒以及常做噩梦等。

在现实生活中，睡眠对身体健康的重要性是不言而喻的。不管是焦虑性失眠还是由于兴奋喜悦等其他因素所诱发的失眠，它们一方面会给生理上造成不良的影响，如皮肤黯淡无光、自主神经系统紊乱导致血压升高等；另一方面，长时间睡眠不足会让人感到心烦气躁，最终形成不良情绪与失眠之间的恶性循环。

容易受到情绪影响而失眠的人大多性格敏感、多疑且完美主义。造成失眠的因素既包括躯体因素、环境因素，也包括心理因素。其中，心理因素是导致失眠的主要原因，这些心理因素包括精神紧张、睡前过度兴奋、恐惧、烦闷、急性或慢性焦虑等。

在心理学中，这种由心理因素所导致的失眠被称为心因性失眠（心理性失眠）。要想克服心因性失眠症状，需要我们做到以下几点。

首先，承认自己的情绪，接受失眠的事实。因为抗拒或试图改变失眠情况的同时，其实相当于在心中将这种负面情绪进行了二次强化，非但不能有效疏解自身不良情绪，甚至会让心情越来越糟糕。

其次，放松身心，顺其自然。在承认自身情绪、完全接受自己失眠事实的基础上，可以起床看书，也可以听一些安静的音乐，或者什么也不做，只是安静地躺着，让自己的身心处于一种自然和放松的状态。

杨虎有段时间因为恋情遇挫而整夜失眠，越是想要睡觉就越是睡不着。这天凌晨再度失眠后，杨虎索性起床不睡，他先是刷了一双鞋，然后打开电视机观看节目，不一会儿他就感到阵阵困意来袭，在沙发上睡着了。

再次，不要过分看重睡眠，也不要刻意补觉。很多人失眠过后只要白天有时间就会补觉，殊不知白天补得越多，晚上就越睡不着。因此，对于失眠者而言，白天尽量多进行一些户外运动，让自己劳累一点，睡觉前也不要过于兴奋，感到困了就上床睡觉才是最好的方法。

陈婷平时非常注重美容养生。其中，早睡以及充足的睡眠是她每日美容课程中最重要的一节。每当因为工作或其他事情而焦虑失眠时，第二天她整个人就会莫名陷入一种“昨天没睡好，感觉今天皮肤状态不是很好”的焦虑中，茶不思，饭不想。别人午休只睡 20 分钟，她却要足足睡够一个半小时。晚上回家也早早就躺在床上想着要早点睡着，但越是这样，反而越是睡不着，从而进入越是害怕睡不够、越是失眠的恶性循环。

最后，失眠者也可以采取松笑导眠法、逆向导眠法以及紧松摇头法等来帮助自己放松情绪，尽快入眠。其中，紧松摇头法是指个体采取仰卧的姿势平躺在床上，先将双手用力收缩，持续 10 秒后放松，如此重复 3 次；紧接着依次做下肢、头部、面部和全身的肌肉紧张后再放松的训练；当结束这一系列动作，你会感到全身都彻底放松，然后微微闭上双眼，左右轻轻摇摆头部，同时慢慢体会整个身体逐渐趋向松散深沉的感觉；伴随着头部摇摆幅度和速度的逐渐减小，睡意也会不期而至。

第四章 04

理性看待，别让坏情绪毁了自己

1 吾本生性多疑

对某人或某事进行猜测是人们生活中的一种正常的行为反应。但如果任由这种猜测发展成为无中生有、敏感多疑等心理症状时，将会对个体及其生活造成极大的困扰和不良影响。

在心理学中，多疑是指“神经过敏、疑神疑鬼的消极心态”。在精神病学中，多疑最极端的表现被称为“妄想”。在现实生活中，具备多疑心态的患者往往对人对事都带有很深的成见，经常经“头脑想象”将他人无意的行为表现及其他无关事件凑合在一起，误解为对自己怀有敌意。

多疑的人由于时常担心和害怕别人嘲弄自己，不断进行消极自我暗示和条件联想，因而他们精神上总是处于紧绷和恐惧的状态，很容易产生焦虑和控制感，甚至诱发精神分裂。另外，他们不仅怀疑外界所发生的一切，也时常对自身的存在感到担忧和怀疑。即使家人、朋友等人不断对其进行劝说和解释，也很难改变他们。

一般而言，多疑的人性格多数较为内向，遇事喜欢斤斤计较。他们可分为内应多疑和外应多疑两种类型。其中，内应多疑的人对某人或某事产生怀疑后会选择憋闷在心中，独自进行排解。

《红楼梦》中的主人公林黛玉有次去敲怡红院门时，被晴雯误以为是家中服侍的丫头而拒绝开门。返回住处的路上，林黛玉想：“如今父母双亡，无依无靠，现在他家依栖，若是认真怄气，也觉没趣。”

当天晚上，她依靠着床头栏杆“好似木雕泥塑一般”，直坐到快天亮才躺下睡觉。第二天醒来，看到院子中满地落花时更是触景生情写出了《葬花词》。

其实，对黛玉而言，如果她被晴雯拒绝后立即表明自己的身份，也就不至于出现后面这一幕幕伤心的画面。

与内应多疑的人恰恰相反，外应多疑的人则是在产生怀疑后很快对外界产生反应并针锋相对。曹操就是一个鲜明的例子。

曹操行刺董卓未果，与陈宫逃难到吕伯奢家中，吕家上下准备杀猪设宴款待他们二人。但多疑的曹操因为听到外面磨刀杀猪的声音误以为吕家人要杀他，于是和陈宫拔剑闯了出去，不分男女老少将吕家一家全都杀死。可在发现自己杀错人后，面对陈宫的追问，曹操只是留下一句“宁可我负天下人，不可天下人负我”，流传至今。

英国哲学家培根曾说：“猜疑之心犹如蝙蝠，它总是在黑暗中起飞。这种心情是迷陷人的，又是乱人心智的。它能使人陷入迷惘，混淆敌友，从而破坏人的事业。”无论是林黛玉式的内应多疑，还是曹操式的外应多疑，都会有损自己的身心健康，甚至令无辜者蒙受不白之冤。

具备多疑心态的人要想改变现状可以尝试从以下几个方面入手。首先，对多疑心理的产生根源和危害进行充分和深入了解。其次，摒除消极的自我暗示，坦率地将所猜疑的念头提出来，同对方开诚布公、心平气和地沟通交流。再次，当产生猜疑想法时，给自己 5 秒钟的缓冲时间，让自己冷静思考后再决定是否进一步采取行动。最后，学会接纳真实的自我，不苛求完美。此外，学会不依赖他人，成为独立的个体，对多疑的人而言，这也是很重要的一点。

2 自卑和自恋，硬币的两面

奥地利精神病学家阿尔弗雷德·阿德勒曾经把“自卑与超越”的对立统一作为心理发展的动力。他认为适当的自卑会引发人们自省，进而实现对自我的超越。生活中，自卑和自恋通常被作为个体人格特征的两个极端方面进行分析，但事实上，很多时候它们会像硬币的正反两面同时出现在一个人身上。

当自卑和自恋集于一身时，其实是个体对自我优点、缺点的一种扭曲和夸大。在这种状态下，当看到一个陌生人时，他们的第一反应是从心里瞧不起对方，产生诸如“你凭什么这么牛”“不过如此”等想法。但是当这个陌生人展现出自身强大的实力后，他们就会瞧不起自己，自怨自艾。

有心理学专家认为，世界上所有的自恋本质都源于自卑。自恋对他们而言，只是一层虚假且虚弱的外壳，越是外表看似强大的人，内心越是虚弱不堪。一旦某个人长期陷于自卑的情绪中，其眼中的问题将会与现实产生很大的出入。为了让自己从自卑中得到解脱，他们通常会借助自恋等比较极端的方式来表达自己心中对自我的不确定感。

唐洋喜欢写作，每隔一段时间就会有文章发表在各大报刊上。此外，他对自己的外貌尤为在意。当同龄男生还在使用清水、香皂洗脸时，他早已熟知各大国际品牌的洗面奶、面膜等各式护肤品。当同宿舍的男生还在拿起哪件衣服就穿哪件时，他已经开始讲究衣服、包包以及配饰的色彩搭配了。

他最喜欢听别人说“你好帅啊”“你皮肤真好”“你的文章写得真好”等赞美的话语。每当这个时候，他就会甩甩头发故作谦虚地回答：“其实还好吧。”但心中早已乐开了花。

和女朋友糖糖在一起时，他常常会问对方：“你非常爱我，对不对？”糖糖简洁而干脆地回答道：“是。”唐洋又会接着自夸道：“像我这么帅气又有才的男生，世界上真心不多了。”糖糖便立刻附和道：“你是我心中最帅气、最有才的人。”

但有时候，糖糖也会不耐烦地说：“你可真自恋。”表面上，唐洋听到诸如此类的评价后都会搪塞过去，但心中仍会不由得泛起一丝苦涩。原来，唐洋从小就对自己的贫困家庭和矮小身材有着深深的自卑感。为了掩藏这方面的自卑，他才努力将自己打造成帅气的时尚型男形象，并在他人的赞美中不断弱化自卑和强化优秀的自我。

有心理学家将自尊（并非自尊心，而是指基于自我评价以及自我尊重和受他人、社会尊重的情感体验）分为依赖型、独立型和无条件型。其中，拥有依赖型自尊的人建立自我评价的基础是社会比较和他人评价。而独立型自尊的人通常不以他人的评价而轻易改变自我，他们主要依靠自我评价。

依赖型自尊的人在生活中主要表现为既自恋又自卑。也就是说，他们的自尊很容易因为他人的话语而发生改变，是不稳定的。因此，即使和他人面临同样的处境，他们通常表现得更加焦虑，而且具有一定的攻击性。

形成依赖型自尊的主要原因包括自身性格较为内向敏感、恐惧自己不存在和无意义、外界的错误引导、高标准要求自我以及不允许他人否定自我等。其中，之所以恐惧自己不存在和无意义是因为他们认为只要自己有缺点就是无意义的。但生而为人又无法避免自身存在的一些缺点，为了避免这种糟糕的状态，他们选择否定和隐藏自己的缺点，夸大自身优点，从而为自己换得虚幻的存在感和价值感。

综上所述，依赖型自尊的人要想改变当前自恋与自卑并存的矛盾状态，可以从以下几个方面来逐步转变。学会正视自我并勇于接纳真实的自我；明白世界上每个人都有优点和缺点，不要拿自己的短处与别人的长处进行比较，更不要让目光总是盯在自己的缺点上，从而导致自己无法享受真实的快乐；打断外界的引导和影响，直面自己的缺点之后，建立一个强大和独立的自我。总之，只有不扭曲自己的缺点，也不夸大自己的优点，才能成为健康的拥有独立型自尊的人。

3 心浮气躁难成功

黄光和李想周六上午一起去公园写生，春天的公园中处处盛开着美丽的鲜花。黄光兴奋地扔下画架说："哇！我要捉一只蝴蝶带回去做标本。"李想不置可否地微笑着。黄光去捉蝴蝶后，李想找了一个合适的位置开始安静地画画。

在一旁玩耍的黄光，每次刚准备伸手去抓落在花朵上的蝴蝶时，蝴蝶就会快速地逃走。如此反复几次，尽管黄光东奔西跑累得满头大汗，但仍然一无所获。

当他正准备坐下来休息时，却听见李想说："我捉到了一只蝴蝶。"

他匆忙跑过去问道："你用什么方法捉到的？教教我吧。"

李想回答道："很简单。我只是坐在这里安静地画了一朵漂亮而又逼真的花朵。蝴蝶自然而然就落在画板上了。"

黄光不屑道："我还以为有什么高明的方法呢，原来不过是赶巧了。你该不会以为蝴蝶真将这幅画当成鲜花了吧？"

有人曾说："从某种意义上讲，浮躁不仅是人生最大的敌人，还是各种心理疾病的根源，它的表现形式呈现多样性，已渗透到我们的日常生活和工作中。可以这样说，我们的一生是同浮躁斗争的一生。"

浮躁让人感到茫然和惶恐不安，也让人难以做好当下的一切，变得盲目和急功近利。浮躁心理是指做任何事情都没有恒心，急功近利，喜欢投机取巧，强调“短、平、快”，主张立竿见影，平时无所事事而不能安稳工作和生活。

形成浮躁心态的原因主要有以下几方面：社会经济和科学技术的高速发展，让人们在处理问题时更注重速度和效率；面对沉重的工作压力、生活压力以及畸形的快餐文化，有一部分人变得无所适从——他们既害怕竞争，又不想脚踏实地地投入其中；极度渴求一举成名，但又对自我能力和前途没有任何信心，害怕失败；人与人之间的攀比心理加重人们的欲望，但却好高骛远，没有明确的目标和方向或者制定的目标太过远大、分散等。

很久以前，泰国某村庄中有个叫奈哈松的人不堪繁重的农活，一心想要学习炼金术以让自己快速变为富翁。刚开始，他仅仅利用每天的休息时间进行炼金术试验，后来为了能够尽快取得成功，他索性将所有农活都推给妻子，自己整日全身心投入试验中。没过多久，他就花光了家中所有积蓄但仍然没有成功，反而将家里的生活搞得一团糟。

奈哈松的岳父得知这一消息后，对奈哈松说：“我早已掌握了炼金术的秘诀，只是现在还缺少其中最重要的一件东西。”

奈哈松赶忙问道：“是什么？我倾尽全力也会帮您得到它。”

岳父低头沉思后轻声说：“3公斤香蕉叶下面的白色绒毛，而且必须是自己家香蕉树下的绒毛。等你什么时候收集齐了这些绒毛，我就立刻将炼金术的秘诀传授给你。”

奈哈松高兴地和妻子一起将早已荒废的土地翻新，然后种上了香蕉。为了能够早日凑齐绒毛，奈哈松还另外开垦了大面积的荒山田地，每天精心照料这些香蕉树。每当一批香蕉成熟后，他会小心翼翼地刮下香蕉叶下面的白色绒毛存放起来，妻子则挑着刚摘下来的香蕉到附近的集市上进行售卖。眨眼间，奈哈松种植香蕉已经整整十年。

这天，他终于凑够了炼金需要的3公斤白色绒毛。他拿着这些绒毛跑到岳父面前说："我终于做到了。现在请您把炼金术传授给我。"只见岳父露出神秘的微笑："你想要的就在你的家中。"

奈哈松疑惑地回到家中打开房门，只见妻儿站在房间里，他们的脚下铺满了黄金。原来，这些黄金正是奈哈松的妻子用这十年售卖香蕉的钱换来的。

奈哈松从失败到成功正是因为从浮躁到踏实心态的转变。现实生活中同样如此。那些急于求成、眼高手低的人往往最后一事无成，而那些能够脚踏实地做事、努力生活的人，经过一段时间的辛苦积累终究会取得成功。

克服浮躁心理，踏实向前，最关键的两点在于价值判断能力和自制力。首先，不要盲目攀比，要在客观判断双方能力、知识、技能与投入等是否一致的基础上再继续行动。其次，做任何事情前都要善于思考，从现实出发，用理性控制行动，而非情绪决定行动。再次，明白任何成功都不是一蹴而就的，做事时要具备务实精神，耐得住寂寞和等待。最后，要将目光放得长远一点，懂得厚积薄发的真正含义。

4 虚荣让人变得盲目

“死要面子活受罪”“打肿脸充胖子”等俗语为人们形象地描述了虚荣这种人类普遍存在的心理状态。心理学中，虚荣被视为一种被扭曲了的自尊心、追求表面荣耀的性格缺陷以及人们为了获得荣耀和引起普遍关注而表现出来的一种不正常的社会情感。

虚荣的本质是利己主义的情感反映。虚荣心具有普遍性的特点，它主要表现为盲目攀比、过分在意他人的眼光和评价、自我表现欲强烈。

从个体心理方面分析，虚荣心的产生包含以下几方面原因。

第一，中国自古以来面子观念的驱动。在《吾国与吾民》中，林语堂先生曾写道：“统治中国的三女神是面子、命运和恩典。”面子反映了中国人对尊重与自尊的情感需要，甚至有人可以为了面子而赌上自己的性命。

第二，爱慕虚荣的人大多有比较强的依赖性、自尊心和情感反应，同时性格也更为敏感善变和浮躁不安。

第三，虚荣心理的产生深受家庭教育中父母那些错误、偏激、不全面的教育观念的负面影响。

第四，爱慕虚荣的背后往往有着自卑的内心，他们用外在的浮华来掩藏内心的缺失和伤痕。

在机场咨询处，福特正在向工作人员咨询附近最便宜的旅馆。工作人员认出他并惊奇地问：“请问您是亨利·福特先生吗？”

“是。”

福特答道。得到福特确切的回答后，工作人员疑惑不解地问道：“作为超级富翁，您为什么穿得这么朴素，还寻找最便宜的旅馆呢？”

福特回答道：“这对我而言是再正常不过的事情啊。”

工作人员依然不解地说：“可是我曾经也有幸接待过您的儿子，他每次都是穿着最新款、最昂贵的衣服来询问最高级的酒店。”

福特微笑着说：“我的儿子言行举止确实太过张扬，这是因为他太过虚荣，还需要那些外在的东西来表明自己的身份。但我和他不一样，无论我住在昂贵的酒店还是低廉的旅馆，我都是我。我身上穿的这件外套是我父亲的，但这一点都不重要，我不需要那些浮华的东西来证明自己。”

心理学家认为，轻微的虚荣心能够成为人们不断前进的动力，但过分的虚荣心则很有可能制约事业发展，降低生活幸福感，使人误入歧途，浪费大量不必要的钱财，甚至损害身心健康等。

高琳自幼家境不好，但她虚荣心很强。有一次班级间组织联谊会，其他同学都兴高采烈，唯有高琳闷闷不乐。原来她害怕参加联谊会时自己便宜的球鞋会被其他班的学生笑话。于是，她找到高年级要好的学姐借了一双价值千元的名牌鞋。

联谊会进行得很顺利，高琳和同学们也玩得很开心。可在回宿舍的路上，她不小心被路边的石头绊了一下，鞋子被尖锐的石头划了一个大口子。高琳十分懊恼，但苦于没钱赔偿只好硬着头皮拿着破损的鞋还给学姐。

一番解释和赔礼道歉后，学姐心里虽然有些不高兴，但还是安慰了高琳。谁知这一幕恰好被学姐的父亲看到了，他走上前拉住准备离去的高琳说："我们也是刚买不久的新鞋，这是道歉就能解决的事情吗？"高琳羞愤不已地低着头说："那您想怎么办？"学姐父亲说："这双鞋子你拿回去，然后再给我们买一双新的。"不管高琳如何哀求都没能改变学姐父亲的决定。

随后，高琳做了三个月兼职，又找其他同学借了点钱才给学姐买了一双新鞋。这件事让高琳明白了虚荣的危害并从此以后引以为戒。

正如法国哲学家伯格森所说："一切恶性都围绕虚荣心而生，都不过是满足虚荣心的手段。"生活中我们要想避免过分的虚荣心所产生的危害，应该做到以下几点。首先，了解何为虚荣心及其危害，并分清虚荣心与自尊心的区别。其次，树立正确的荣辱观，认清现实和自己的真实需要，摆脱盲目攀比和从众心理所带来的负面效应。再次，客观地认识自己、悦纳自己，对虚荣心进行自我心理纠偏。最后，时刻不忘向社会榜样学习踏实、朴素的精神作风。

5 内心深处的忧虑

在街角安静的咖啡店里，一位神情落寞阴郁的男人坐在角落里发呆。旁边餐位上的一位老人已经观察他许久，终于忍不住走上前说道："对不起，打扰一下。"那名男子冷漠地回应："什么事？"老人关心地问道："我看您一个人落寞地坐在这里许久了，想必是遇到了什么难事，也许您可以告诉我，看我能否为您做些什么？"男子依旧冷酷道："我的问题根本就不是你所能解决的。"

老人并没有因为男子拒人于千里之外的冰冷态度而就此放弃，他对男子说："虽然我帮不了你，但有个地方也许能够帮助你。"男人没有再像先前那样冷冷地拒绝老人，而是起身跟随老人走了出去。

老人带领男子乘坐公车来到郊外一处公墓。男子疑惑地望向老人："为什么带我来这里？"老人指着排列整齐的墓碑说："这个世界上大概只有躺在这里的人才是没有任何忧虑的人。"男人思索片刻，原本紧皱的眉头慢慢舒展开来。

美国著名作家刘易斯·托马斯说："我们可能是这个星球种种生物中，唯一一种会忧虑的动物。我们忧虑我们的生活。"不同于"害怕出现负面效果而产生担心的心理现象"，忧虑更多体现出一种焦虑和急于解决事情却无法解决的急迫心理。

在现实生活中，每个人或多或少都体验过忧虑的感觉。科学研究表明：

30% 的人每天至少忧虑一次，19.4% 的人每两到三天忧虑一次，仅仅只有15% 的人忧虑的频率为每个月一次。

除忧虑的频率不同，人们每次忧虑的时间也各不相同。其中，24% 的人每次忧虑的时间不超过一分钟，9% 的人每次忧虑时间长达两到三个小时，而清晨和夜晚则是忧虑的高峰期。

人们忧虑的内容通常包括工作、身体健康、金钱以及人际关系等，但不可否认的是，有时人们也会因为一些微不足道的小事而忧虑。时常处于忧虑中的人就像杞人忧天故事中的杞人，遇到事情时往往更容易将目光集中在消极的一面，然后在想象中预见最坏的结果，最终因为这个还没有发生的、有可能会发生、也有可能不会发生的事情而忧虑。

在第一次世界大战前夕，一名法国男青年只要一想到自己很快就要成为一名士兵奔赴战场，心中就忧虑不已。他认为只要自己去当兵，女朋友就会离开自己。万一在战场上受伤或者死亡，自己的未来和家中年迈的父母又该怎么办？这些问题让他越想越感到害怕和恐惧。虽然还没有走上战场，但他已然感到自己的人生一片黑暗，整日无精打采，做什么事也提不起精神。

他将自己的忧虑写成一封书信寄给了正在前线奋战的好朋友。半个月过后，好朋友在回信中写道："亲爱的朋友，在有人通知你当兵上前线的那天之前，请你不要忧虑。如果上天注定你要上前线，那么此刻的忧虑显然是多余的。不如将这些忧虑的时间用来陪伴你的女朋友和亲人。如果很幸运，你没有被征召当兵，那么你今天的这些忧虑除浪费时间和精力外，更是毫无用处。总而言之，与其忧虑那些还没有到来的未来，还不如过好当下每一刻。"

爱德华·哈罗维尔博士是美国波士顿的一名心理学家，他将忧虑分为

“积极忧虑”和“消极忧虑”。其中，积极忧虑是指预期会发生危险而产生必要的心理准备，是一种未雨绸缪的忧虑。消极忧虑则指一种说来就来、毫无任何预兆的破坏性忧虑，它不仅没有帮助人们解决问题，反而会将人拉入焦虑、恐惧等负面情绪的深渊，难以自拔。尽管消极忧虑无益于事情的解决，甚至会加剧人们的焦虑、抑郁和恐惧情绪，并将事情带向最坏的方向，但一旦开始这种忧虑，就很难停止。

因此，我们面对忧虑时最好能够正确区分自己的忧虑类型。对积极忧虑可以适当地给予鼓励；对消极忧虑则需要及时地消解和排除。具体做法如下：

首先，看清事实。戴尔·卡耐基在《人性的弱点》一书中写道：“世界上的忧虑，有一大半是因为人们没有足够的知识做决定而产生的。解决我们困难的第一个办法，就是看清事实。如果一个人能够把他所有忧虑的时间都用在以一种很超然、很客观的态度去寻找事实的话，那么他的忧虑就会在知识的光芒下，消失得无影无踪。”

其次，找出让你感到忧虑的根源所在，学会专注于当下，慢慢减少在忧虑上消耗的时间和精力。

再次，学会接受任何事物都存在不确定性，尝试将自己从忧虑的事情中抽离出来做一个旁观者。

最后，忧虑时用改变生理状态的方法改变精神状态。比如，大声歌唱、倾诉、运动等。

6 直面内心的恐惧

王莉最近换了一份新工作，为了能够尽快得到老板的注意和赏识，她每天晚上都自愿加班到深夜。

一天早上，她刚到办公室就听到有人议论："你们听说昨天半夜楼下办公室被抢劫的事情没？"

王莉慌忙走上前问："抢劫？怎么回事？"

同事回答道："具体情况不太清楚。只听说昨天楼下公司有个女孩子深夜加班，结果遭遇了入室抢劫。"

王莉听完心中一惊，不免有些后怕又有些庆幸。旁边同事还在议论纷纷："看来以后就算工作完不成也要早点回家，一个人加班实在太危险了。"

当天晚上，王莉犹豫再三还是决定留下来加班。刚开始她还能偶尔听到隔壁公司人员在楼道的交谈声和走动声，心里还比较镇定。慢慢地，整座大楼渐渐归于沉寂，再加上想起楼下公司被抢劫的事情，王莉总感觉仿佛有人正站在某个地方窥视着自己，这让她坐立不安，再也没有心思继续工作。最终她决定将工作带回家继续完成。

当王莉关上办公室灯、出门乘坐电梯时，空荡荡的楼道中那种被人暗中监视的感觉越来越强烈。她感到喉咙发紧，心跳加速。她暗中拉紧自己的背包，将手机调整到拨号模式，准备随时报警。终于，出了电梯。看到大楼门口保安的那一刻，她不由得大哭起来。

自此以后，王莉总是将工作提前完成或者带回家做，尽量避免一个人深夜加班。

心理治疗师诺伯托·利维博士曾如此定义恐惧：“感受到威胁时，如果觉得自己没有能力或没有资源解决，便会产生忧虑、苦恼的感觉。例如，大部分人对以每小时三百公里的车速前进这件事都觉得很害怕，但一级方程式的赛车手就不会。”作为人类心理活动状态的一种，恐惧情绪大多来源于未知的事物。

具体而言，恐惧是指“人们在面临某种危险情境时，想要摆脱而又无能为力而担惊受怕时所产生的一种强烈压抑情绪体验”。个体感觉恐惧时常常伴随心慌、惊叫、肢体僵硬以及心跳加速等生理表现，还会导致知觉、记忆和思维过程出现障碍。

王生小时候因为父亲工作调动的关系，和弟弟王岗频繁转校。初始陌生的环境让他们兄弟二人备受冷落和排挤。这天，一群孩子捉住王岗后，竟将他推进小河里。匆忙寻来的王生不仅没能将弟弟救下来，反而也被他们扔进了小河深处。不会游泳的王生一下子就沉到了河流的深处。

附近的大人听到王生的呼救声匆忙赶来将王生救了上来。尽管落水前后共计不到5分钟的时间，但对小小年纪的王生来讲，无异于一场噩梦。他回到家后昏迷、呕吐、高烧不止，如此反复折腾了将近三个月才算彻底恢复。

但自此以后，王生极度怕水，洗脸的毛巾从来都拧得非常干，洗澡也只能快速淋浴，整个过程不能超过5分钟，否则他就会感到眩晕。

恐惧同焦虑、敌视都被看作心理学和神经症构成的重要组成部分。引发恐惧的刺激因素是由多方面原因组成的，比如，熟悉的环境发生变化（王莉楼下公司晚上发生抢劫案件）、遭遇突然袭击（小时候不会游泳的王生被突然扔进水中）等，但其中最重要的因素仍然在于自身缺乏处理危机的能力。

恐惧共分为过度的想象、恐惧开始反馈、恐惧让人加速失败和“第一个记忆”四个阶段。其中，过度的想象是指当人们即将面临某种情景时，大脑会被恐惧所引导，想象出最坏的状况，进而陷入更深的恐惧中，如此循环。而所谓“第一个记忆”是指最初让人们感到恐惧的感觉，比如，小时候的王生被扔进水中，使得他此后每当看到水，这个记忆都会跳出来提醒他水有多么可怕。

某个寒冷冬日的晚上，剑客高铭借宿于城郊一家客栈。饭后，客栈中来自五湖四海的人聚在一起喝酒聊天。男人们大多借着酒劲吹嘘自己胆量如何大，其中一位叫杨峰的年轻小伙子叫嚷的声音最大。

高铭起身拔出腰间的剑：“光是张张嘴巴算什么英雄好汉。有本事谁能现在一个人将我这把宝剑插在前面乱坟岗才算是真英雄。”众人惶然间皆沉默不语。高铭用剑指着杨峰：“你不是说自己胆量最大吗？怎么，害怕了吗？”

年少轻狂再加上酒精的刺激，杨峰立刻逞强地跳了出来，大声喊道：“有什么好害怕的！如果我顺利回来，今晚所有人的花销全都由你负责。”

接过长剑走出客栈，在凛冽的寒风下，杨峰的酒意立时醒了一半。他暗中责怪自己不该喝太多酒、如此逞强，而自尊心却不允许自己半途折返。好不容易走到乱坟岗，杨峰只觉得周围都是飘来飘去的鬼影，心中惊恐不已。他慌忙找到一个坟头将长剑往地上一插，便想转身飞奔而走。

但此时，他忽然感到仿佛有人在身后拉扯自己，不管如何挣扎都动弹不得，他大叫一声便昏倒在地。

而等待一晚上不见杨峰归来的高铭等人天亮后来到乱坟岗寻他。只见，杨峰满脸惊慌地躺在地上，已经停止了呼吸。他的身后，高铭的长剑矗立在地，并且将杨峰的长袍紧紧钉在地上。

其实，杨峰如果能够克服恐惧，回头看一眼究竟是什么在拉扯自己，也不至于落得个惊恐而死的凄惨下场。

一位哲学家曾说："当一个人用胆怯去迎接恐惧，恐惧很快就会光顾他。"从某种程度上来讲，这也就意味着面对恐惧，如果我们只是一味地躲避而不去想办法克服，最终恐惧将不断侵蚀个体身心健康，甚至导致精神的全面崩溃。

可见我们要做的是，首先要对自我恐惧的源头有所认识和了解，并在此基础上通过培养乐观的态度和坚强的意志、加强心理训练、回避可怕情境、屡现恐惧的刺激进而坦然面对以及转移注意力等方法来帮助自己，勇敢战胜自我，直面内心的恐惧。

7 苛求完美最累心

世界上人人都有一颗追求完美的心，都向往一种完美的状态。但所谓“金无足赤，人无完人”，这世上根本不存在任何完美的人与事。心理学家认为，完美主义是一种人格特质，即个性中具有“凡事追求尽善尽美的极致表现”的倾向。但当追求完美变为苛求完美时，也就意味着人们将完美与精益求精等概念相混淆。

苛求完美的人以为追求完美是对成功和价值的尊重，但实际上，他们对人、对事提出的是过分苛刻的要求。他们不仅苛求自己，而且时常将这种观念强加于他人，让人苦不堪言。

杨红自幼喜欢珍珠，只要有时间她就会去海边跟随相熟的渔民一同出海捕鱼和寻找珍珠，但每次她都失望而归。这天，正坐在船舱中休息的杨红突然听到外面渔夫惊喜的呼声，她匆忙跑出去。只见，渔夫手中正小心翼翼捧着一颗晶莹圆润的大珍珠朝自己走来。

杨红狂喜不已，她接过那颗珍珠细细端详。突然间，她发现珍珠里面有一个小黑点。她略带遗憾地对渔夫说：“总算是有所收获，但如果没有这个小黑点就完美了。”渔夫看过之后说道：“其实如果不仔细看，几乎看不到的，完全不影响珍珠的整体美感。”

可是杨红拿在手中越看越觉得可惜，她暗自想：“如果能把这个小黑点去掉就太好了。”于是，她尝试用手一点点抠小黑点，没想到这不仅没有将小黑点消灭掉，反而指甲又不小心在珍珠上划了一道口子。杨红心中不免有些后悔和沮丧，但却于事无补。

心理学家认为，一味地苛求完美更像是人们对自我害怕失败的一种掩饰和对自我否定的一种变相表达，同时对自己和他人吹毛求疵也让他们忽略了自己和他人的优点和努力，很容易陷入一种“追求完美，却总发现缺点颇多；祈求成功，却总感到一事无成”的怪圈中无法自拔。

雕刻家对自己的作品总是力求完美。很多时候人们常常难以分辨作品与参照物之间的真假。

这天，一位占星师前来告诉雕刻家，他死亡的日期即将来临。得知这一事实，雕刻家感到非常害怕，他连着好几天不吃不喝地赶工制作了 11 个与自己真假难辨的雕像。

雕刻家死亡的日期很快到来了。听到死神的敲门声后，雕刻家迅速屏住呼吸藏身于 11 个雕像之间。面对 12 个几乎完全一样的雕像，推门而入的死神惊愕不已。

死神带着疑惑回到了上帝身边：“世界上怎么可能存在 12 个一模一样的人？我到底应该将谁带回您的身边呢？”上帝微笑着说道：“等会儿你再次进入那个房间，只需要将这句话说出来，就能找到那个人。”死神依然疑惑地问：“你确定？”上帝答道：“你姑且试一试。”

于是，死神重新走进雕刻家的房间，然后大声说：“最敬爱的雕刻家先生，这里的一切原本非常完美。但是恕我直言，这完美仍然无法掩饰那一点小小瑕疵的存在。”

死神话音刚落，雕刻家立刻现身，心急地问道：“哪里存在瑕疵？”死神答道：“最大的瑕疵就是你太苛求完美。这让你没有办法忘记你自己。要知道，就算是天堂都没有绝对完美的东西，更何况人间。”

本来可以成功躲避死神的雕刻家，因为太过苛求完美而被成功引诱。

生活中，要想做到不苛求完美，以下几点是我们需要做到的。首先，改变认知，清楚意识到追求完美和苛求完美的区别。生活中可以追求完美，但并不意味着要苛求完美。追求完美更多意味着对人、对己、对事的认真态度。其次，正确认识自我和他人。再次，在前者的基础上客观地对待自我和他人，并适当降低期望值，制定与个体能力相符的目标。最后，调整心态，学会接受失败、不完美等负面状态，并尝试用欣赏的眼光去看待自我和周围的一切。

8 悲观厌世不可取

美国斯坦福大学的心理研究人员将年龄在 19 岁到 42 岁之间的女性分为两组，在她们观看相同图片的同时，对其大脑进行扫描以观测大脑不同部位的反应活动。这些图片一部分着重展现欢乐的场景，一部分的场景则较为沉重悲伤。

研究结果显示，有人在观看快乐场景图片时脑部活动程度较为强烈，而有的人则在观看悲伤场景图片时反应较为强烈。由此，研究人员表示，尽管这些反应并不完全相同，但可以表明大脑活动与情绪的关系极为密切。

乐观和悲观是人们生活中两种不同的思考模式。大脑面对一件事情所做出的反应活动则主要取决于个体是乐观性格还是悲观性格。

庞磊和庞伟是亲兄弟。这年圣诞节，父亲送给庞磊一架玩具飞机。这架飞机在遥控操纵下可以轻易做出各种高难度的动作。反观庞伟，父亲只是在他的袜子里放了一些晒干的马粪。第二天早晨，邻居向他们问道："圣诞老人昨天夜里都给你们送什么礼物了？"

庞磊满脸不耐烦地说："他竟然送我一架遥控飞机，简直无聊透顶。"邻居转头问庞伟："你呢？"庞伟则兴奋地说："我收到了一匹非常可爱的小马，我真是太高兴了。不过有点可惜的是，天亮之前它跑掉了。"

显而易见，从这两兄弟身上我们可以看到乐观者和悲观者的区别。对乐天派的庞伟来讲，虽然受到父亲善意的捉弄，但他仍然能够保持积极乐观的心态来看待事情。而庞磊虽然收到了父亲精心准备的礼物，却仍然无法感到高兴，仅仅是因为飞机是遥控的。

在心理学中，悲观是一种“自我感觉失调而产生的不安情绪”，其主要表现为安全感缺失、心理上的自我指责、不容易感到满足和快乐以及对预期的负性思维方式。悲观的人总是习惯考虑事情最坏的方面，同时他们也很难看到事物最好的一面并感受到快乐。

有些悲观主义者往往会过分夸大生活中的挫折和不如意，进而产生过分悲观的态度、强烈的自杀念头，甚至直接实施自杀或他杀行为等，这都是情绪严重失控的表现。相较于普通悲观者，悲观厌世者通常有着严重的利己主义倾向，他们用悲观的思维反应复杂的社会现实，对社会上的是非善恶难以完全分辨和识别。他们对自己行为的后果缺乏预知和预防的能力。

心理学家普遍认为，造成人们悲观厌世的原因主要包括以下几个方面。

第一，信仰和清晰目标的缺失让他们迷失了前行的方向。明确的目标是人们生活中的指南针，它帮助指明人生方向，激励人们不断勇往直前。一旦个体的信仰和目标变得模糊不清，缺乏精神支柱的个体会很容易产生悲观厌世的情绪。

第二，心理承压能力较差，遭遇重大挫折打击后一蹶不振。比如，公司破产、父母离异、被人排挤和嘲笑等。

第三，快节奏、高速发展的现代社会，除生活和工作产生的心理压力之外，人与人之间的交往也变得更加疏离和复杂，这让一些人就此失去了人情的羁绊，对现实世界产生厌恶、逃避。

总而言之，悲观情绪的出现并非是偶然的，它会严重影响心理健康和生活状态。拿破仑·希尔在对世界上500位白手起家的百万富翁调查之后得出结论：“没有成功希望的人源于其消极悲观的个性。”

网络上曾广为流传一句话："你的心态就是你真正的主人，要么是你驾驭生命，要么是生命驾驭你。你的心态决定谁是坐骑，谁是骑师。"托马斯·科里在对富人群体进行长达五年时间的跟踪研究后发现：富人不惜一切代价躲避悲观主义者，更倾向与乐观、热情、有积极精神面貌的人交往。与中国古训"近朱者赤，近墨者黑"的道理不谋而合。

因此，我们可以借助暂时回避悲观源头、时常外出走走、换个角度看问题、同信任的人倾诉，以及多接近乐观的人等方法来慢慢提升自己对生活的信任和激情，发现生活的美好之处和希望所在。最重要的是，要时刻铭记"知足者常乐"的真理并予以践行。

9 放手，是一种解脱

在电视剧《守婚如玉》中，女主角苏然是医院的眼科主任，也是本市最优秀的眼科医生之一。她性格强势，业务精湛，被科室人员称为“太后”。她整天忙于工作和进修，因此家庭的一切事务均由老公赵明齐一人承担。夫妻两人的感情一直恩爱和睦。

然而苏然一次出差归来后，偶然间发现老公赵明齐出轨的事情，她决意离婚。但赵明齐用尽各种办法想要求得苏然的原谅。原来，赵明齐是在为苏然购买新车时认识了车行年轻、漂亮的销售总监华莎，并在醉酒后与其发生了不正当关系。对赵明齐来讲，这只是一场意外。但对华莎而言，她早在赵明齐贴心为苏然挑选车辆时就喜欢上了这个男人。

在这场家庭保卫战中，尽管赵明齐从一开始就对华莎明确表示两人之间绝无可能，并且要求华莎不要再来找自己，但自幼身处一个不完整家庭，后来又遭遇母亲突然病逝的华莎早已深陷赵明齐的温柔之中。于是她以退为进，一方面答应与赵明齐断绝任何联系，另一方面又将屏保设为两人亲密照的新手机寄给赵明齐，却意外被苏然发现。

此后，为了拆散赵明齐和苏然的婚姻，她更是变本加厉，相继做出当面挑衅苏然、伪造赵明齐的身份证购买了两人的共同房产、拉拢赵明齐母亲、绑架赵明齐儿子等一系列事情。甚至当意识到赵明齐始终没有放弃苏然、不肯离婚时，几近疯狂的她竟然伙同他人构陷了强奸事实，并将赵明齐告至法庭。

对华莎而言，她一次次处心积虑地想要破坏赵明齐和苏然的婚姻，以将其据为己有，也许一开始的出发点是因为爱，但到后来，这种得不到的爱已经演变成为一种偏执，并由此做出了许多疯狂且可怕的事情。

如果从一开始，华莎能够清醒地意识到赵明齐对苏然和家庭的那份绝对不放弃的爱，认清自己仅仅是他生命中的一场意外，并及时放手，也就不会到最后落得如此可悲、可恨又可怜的下场。

在对华莎扮演者蒋欣的采访中，蒋欣认为："华莎对爱的态度太过痴狂，并且在无限膨胀的欲望中变得充满攻击性。"当被问及自身现实生活中遇到像华莎这样的第三者时会如何自处时，蒋欣表示："我是'谁要你就拿去'那种人，特别轻易放手，因为我不愿意与别人争。更何况我认为，真爱不会是这样的情况。"

执着是一个中性词。它既可以表示坚持不懈，也可以指固执或拘泥，或者被用来指代"对某一事物或某一信念极强的渴望，无法释怀，为达目的不惜一切代价，不能超脱"。在现实生活中，人们通常将执着当作褒义词来使用。但是，当人们对某人或某事过于执着而听不进任何人的劝解时，这种过分的执着就会成为偏执。

作为一种病态心理，偏执的基本含义是"过分偏重于一边的执着，是一种自我援引性优势观念或妄想"。如果说执着是指人们对大方向的坚持，偏执则是指对小事情的过分坚持。具有偏执人格特征的人通常性情较为多疑，好嫉妒，爱争斗，并且总是特立独行，不容易相信他人。即使明知道自己理屈词穷，也还是要强词夺理。如《守婚如玉》中华莎即使面对闺密的苦心劝解，但也总是不以为意，后来更是疑心并指责闺密对自己所付出的真情。

偏执心理的形成除受到父母先天遗传因素的影响之外，更多同个体自身后天的成长环境、成长经历有关。如电视剧中的华莎来自一个小城市，自幼被父亲抛弃，同母亲相依为命。她非常痛恨父亲，但同时她的内心又非常渴望得到来自父亲或年长男性的关爱和呵护。正是在这种渴望与憎恶的矛盾心理的作用下，当她认识了成熟、稳重、富有、忠诚的赵明齐后，才会很快对他动心并产生极为强烈的嫉妒心和占有欲。如果说她是因为赵明齐那些忠诚、贴心的举动而爱上他，那么，对父亲的憎恨之心又不断地驱使着她在面对赵明齐对苏然及家庭的忠诚之时感到极度愤恨，并由此做出了后来一系列的疯狂举动。

偏执心理的形成不是一朝一夕的事，想要彻底改变也不是那么容易，我们可以从以下几方面进行调适。

首先，清楚认识到偏执的危害。偏执除对他人造成伤害以外，更多情况下是将自身陷于一种孤立无援的境地之中，严重影响人的正常生活和身心健康。

其次，学会解读自我内心，发现偏执表象下隐藏的真实自我，明白自己为什么这样做以及到底想要的是什么。

再次，对人或事常怀感恩之心，时常对自我情绪尤其是负面情绪进行自我克制和疏导，避免极端情况的发生。

最后，学会放手。只有学会放手，懂得放手的艺术，才能真正将自己从偏执中解脱出来，重获幸福。

第五章 05

提升自我认知，清除情绪负债

1 回忆过往经历，冷静自省

2015年2月13日，当阿里员工都在兴致勃勃地猜测今年集团会如何发放年终红包以及发放多少红包时，阿里巴巴董事局主席马云却宣布今年将取消发放红包的福利。

这一消息的宣布着实让众多业内外人士大吃一惊。因为根据过往经验，阿里巴巴在2010年至2013年年终均给员工发放13个月薪水外的特别红包以示激励，更何况2014年是阿里巴巴大丰收的一年，为何红包不仅没增加反而取消了呢？

面对人们的疑惑，马云表示：阿里巴巴在纽约成功上市不应该成为一个惊喜，这是全体员工共同努力的结果。此外，客观来讲，2014年阿里巴巴原本可以在电商、云计算等方面做得更好，目前所取得的这些成绩还不足以为员工发放红包。但不发放红包并非完全出自这个原因，集团也有足够发放红包的钱。之所以不发放红包，更多是希望员工能够在阿里巴巴成立15周年的关键时期，理性地对待外界的评论，冷静客观地看待自己，完善和提升自己，不断地付出努力，而不是迷失在虚幻的荣誉里。

面对外界的赞美之词以及阿里巴巴所取得的举世瞩目的成绩，马云与其他公司高层并没有就此满足，反而借此机会提醒自己及员工正视眼前所取得的成就和存在的问题，保持客观、冷静的自省态度，继续坚持不懈，奋勇向前。

在日常生活中，不管是像马云那样经营企业还是我们探索自身发展，最大的情绪敌人都是我们自己，而不是来自他人的干扰或威胁。要想战胜自我的负面情绪，就需要我们遇事能够像马云一样保持客观冷静的态度，宠辱不惊，时常自省。

春秋时期，有一个叫曾参的人，他是孔子的学生。虽然孔子门徒众多，但曾参却很受孔子的喜爱。有人不解道："我们学习的都是同样的知识，为什么你能够进步飞快，并受到老师的喜欢呢？"

曾参回答道："这是因为我每天都要多次反思自己：替别人办事是否尽心尽力？与朋友交往有没有不诚实的地方？老师传授的东西是否真正掌握？"

以上正是"一日三省吾身"的故事。除此之外，荀子在其名篇《劝学》中曾写道："君子博学而日参省乎己，则知明而行无过矣。"墨子在《修身》中也强调了自省的重要性，认为真正的君子需要不断地自我反省，以减少怨恨与仇恨，尤其对自己做错的事情，更要知道悔悟和自责，以此作为借鉴，坚持下去才会有更大的进步。

冷静自省对情绪管理来说好处多多。对自己进行监督，可以及时明确日常行为中的不足之处，减少一些盲目的自恋情绪。有助于训练更敏锐的洞察力，在生活中可以更清醒地认识自身状况，避免走更多的弯路，实现更好更快的前行，增加一些临危不乱、处变不惊的应激情商。体现出一个人的谦逊、低调，帮助我们获得更多的赞赏和尊重，有助于提升自尊心，培养乐观意识。

松下幸之助在一次大会上曾因为某位下属没能及时将一笔数额较

大的贷款追回而对其大发雷霆。会议结束后，他忽然想起之前自己也曾在那笔贷款发放单上签字，所以自己也应当承担一定的责任。想到这里，他马上打电话给那位下属，极其诚恳地表明了自己的歉意。

适逢当天那名下属乔迁新居，松下幸之助得知这一消息后，刚一下班便驱车前往下属家中登门祝贺，并亲自帮忙为他搬运家具。至此，松下幸之助的自省并未完全结束。临走时，下属还收到了松下幸之助给他的一张明信片，上面写道："让我们忘掉这可恶的一天，重新迎接新一天的到来吧。"

对下属进行过激批评后，身为董事长的松下幸之助大可不必理会。但他却冷静下来、自省己错，并在自省后迅速对错误进行纠正，最终赢得人们的尊敬和喜爱。

在日常生活中，我们可以尝试着在每天结束时问自己：今天发生的哪些事让我感到高兴、自豪？今天有哪些事原本可以做得更好？今天还有哪些事情做得远远不够，以及怎样纠正和弥补？

冷静自省的同时一定要谨记以下几点。首先，自省并非是一味地苛责自己，而是自我内化，勇敢、客观地正视自我缺点和不足。其次，坚持自省，使其成为一种习惯。最后，所谓自省，是将矛头对准内心，不要问自己得到多少，而是要反省自己付出了多少、创造了多少。只有这样，才能最终达到不断认识和完善自我、良好地控制自我情绪的目的。

2 以人为镜，正视自我

唐朝初期，大臣魏徵辅佐唐太宗17年，始终以谏诤为己任，时常在唐太宗出现过失时直言不讳地对其进行阻止或纠正，为贞观之治做出了卓越的贡献。

一天早朝，唐太宗决定根据右仆射封德彝的建议，下令凡是年满18岁以上且还未服过兵役的壮年男子都要进入军队当兵。魏徵当场极力反对。唐太宗不满道："你为什么不同意这样做？"魏徵不慌不忙地回答道："本朝自开国以来一直遵循'男子20岁当兵，60岁可免'的规定，您现在这样做显然违背了治国安民的方针。更何况先祖定下的规矩又怎可轻易改变？"

唐太宗勃然大怒道："你一个小小臣子居然敢搬出先祖遗训来压我！"魏徵仍然不慌不忙地说："如果将河水全部清理干净，确实可以捕捞到很多鱼，但明年将不再有鱼。如果今年将所有年满18岁以上的壮年男子全都征兵，明年乃至以后国家的税赋徭役又该向谁去要？"唐太宗猛然醒悟，立即下令撤销此项规定。

还有一次，魏徵向唐太宗进谏时言辞过于激烈，使得唐太宗在群臣面前毫无脸面可言。下朝后，唐太宗边走边怒气冲冲道："岂有此理。这哪是一个臣子该对君王说的话？这次我一定不会轻易放过他。"长孙皇后看到此番情形后立刻明白了其中的缘由。

她吩咐身边侍女为自己梳妆打扮并穿上最隆重的服装，走到太宗面前跪下说："恭喜皇上！贺喜皇上！"唐太宗对长孙皇后这般反常举动感到疑惑不解，他皱着眉问道："何喜之有？"长孙皇后回答道："古往今来，臣子只有对贤杰圣明的君主才敢如此直言不讳。"太宗听完哈哈大笑，遂明白了长孙皇后的良苦用心。

后来魏徵去世，唐太宗伤心慨叹："夫以铜为镜，可以正衣冠；以史为镜，可以知兴替；以人为镜，可以明得失。朕常保此三镜，以防己过。今魏徵殂逝，遂亡一镜矣！"

时至今日，以人为镜则更多的是"把别人当作一面镜子，把别人的成败得失作为自己的借鉴"。身处社会群体之中，我们每个人都和周围发生着联系。只有多观察他人的生活，将他人的成功、失败、美与丑等作为自我完善的一面镜子，才能从中更好地照见自我的优劣和得失，才能正确地表达出自己的情绪，与他人和谐相处。

西施是春秋时期越国人，她不仅长相美艳动人，举手投足间也极具风情。

一天，西施拿着洗好的衣服走在回家的路上，突然感到心口疼痛难忍，她皱着眉头一只手端着衣服，另一只手捂住心口。尽管如此，沿途看到此番情形的人仍频频称赞西施心痛的样子比平时还要美丽。

村里有个叫东施的女孩子，她的长相有些丑陋。为了能够像西施那样得到别人的称赞，她出门时也故意皱着眉头并用手捂住胸口。这使得她原本丑陋的面容因为刻意皱眉而变得更加难看。对此，有的人只要在家门口看到东施出现就会立刻紧闭家门，还有的人则是远远地看到她就会慌忙躲避。东施不仅没有因此受到欢迎，反而让大家更加厌恶她了。

以人为镜，纵然可以明得失，但在明得失之前，必须先做好对借鉴对象的选择以及对自我的正确认知，否则以人为镜最终也不过是像东施效颦那样的闹剧。这个故事告诉我们不可盲目地模仿他人，而是应当在正视自我的基础之上再择优进行比较和提升。要想树立一个正确的自我认知，需要我们从下述几点着手。

首先，了解自我需要，懂得自我开放。在心理学中，自我开放又被称为自我暴露、自我表露。它通常被用于心理咨询过程中，咨询师会“提出自己的情感、思想、经验与求助者共同分享，或开放对求助者的评价态度等，或开放与自己有关的经历、体验、情感等”。这里提到的自我开放更多是指个体对自我内心的开放。我们可以采用自我问答等方式了解自己的优点和缺点以及真正的需要等，尤其是关于性格和情感方面的内容。

其次，当我们对自己有了一个初步的认识后，可以进一步通过交谈了解自己在同事、朋友、家人以及陌生人心中的形象和印象。

最后，将自己眼中的自己同别人眼中的自己进行对比，分析出其中相同以及有所偏差的部分，明确哪些是自己需要改变的，哪些是自己应该继续保持下去的，从而建立起一个清晰而明确的认知方向，把握好情绪管理的重点，做出相应的调整和完善。只有这样，在参照他人、以人为镜时才不会像东施那样盲目而可笑，才能事半功倍地清除心里的负面情绪，增加生活中的正能量。

3 客观看待他人对自己的评价

现实生活中，我们眼中的自己和别人眼中的自己之间常常存在着巨大差距。导致这种认知错位的原因有很多，其中最重要的是因为评价方与被评价方身处角度以及评价标准的不同。相对于他人更看重个体实际能力的评价，个体对自己显然更看重未来的潜力。正如美国诗人朗费罗所说："我们通过自己能够做些什么来判断自己，别人却通过我们已经做过的事情来判断我们。"

此外，人们在对自我进行评价时往往更多考虑自己的优点和特质，并加入大量的情感成分，对自己的潜力和未来产生一个更高的评价。而人们在评价他人时，由于缺乏对他人过往生活的参与和情感投入，因此，更多是通过对方既有的行为表现做出评价，并通过其平均水平对其潜力进行评估。

李瑞一直觉得自己性格平和、温顺，但让她十分不理解的是，上大学住校后，她却发现自己在宿舍里被孤立了。哪怕是脾气最火暴、性格有些粗鲁的常珊都和另外两个女孩关系十分密切。

百思不得其解的李瑞来到了学校心理辅导中心寻求答案。当心理辅导老师方婷听完李瑞的讲述后，她问道："你平时回到宿舍都做什么事呢？周末又做些什么呢？"李瑞回答道："平时大家都会聊一些八卦，她们有时候会看电影或者看综艺视频到半夜，而我因为习惯早睡早起，所以一般回到宿舍后都是早早洗漱好就躺下睡觉了。周末她们喜欢逛街或者窝在宿舍，而我一般都会去图书馆上自习。”

方婷接着问道：“日常生活中你们有交流吗？曾经发生过什么矛盾吗？”李瑞回答道：“生活中简单的交流当然有，但仅限于表面上的社交。大的矛盾没有，但曾经因为她们半夜还在开着灯吵闹不睡觉而有过两次小争吵。”

方婷听后，总结道：“生活方式不同而又缺乏沟通，是你被孤立的主要问题所在。缺乏沟通和了解使得她们无法看到你平和、温顺的一面，而更多看到的是你在集体生活中特立独行、冷漠、暴躁的一面，会孤立你也就不奇怪了。”

由此可见，个体以为的自己是何种性格的人，在其他人眼中可能会完全两样。你想继续骄傲地做你心中的自己，还是迷途知返地满足别人对你的评价和期望去做另一个人呢？在生活中，别人的评价对我们而言，既是一种旁观者清的客观看法，也是一种因为不了解、不熟悉而产生的主观、片面的认识，不能说是全对，也不能说是全错。

新东方创始人俞敏洪在一次演讲中讲道：“一个人最怕两种状态：一种是你本来有这么高，但你把自己看得这么矮，当你把自己看成这么矮的时候，内心就充满了自卑；第二种是人本来就这么矮，但他非要把自己看得这么高，这就是过分的自傲和狂妄。当你活在别人眼中的时候，你就永远没有自己。”

想要理智地看待他人对自己的评价，并将其有效地利用到情绪管理和完善之中，我们可以试着做到这两点。

第一，永远活在别人的眼光中，为了得到别人的认可而努力奋斗。但值得一提的是，任何人都不可能做到永远让别人满意。活在别人的评价中虽然可能会取得成功，但同时也会失去自我。这种有着自卑色彩的完美主义是不可取的，切记不要单纯地为了取悦他人而让自己身心疲惫。

第二，走自己的路，让别人说去吧。但是作为群体的一员，不是每个人都能够像俞敏洪等成功人士一样拥有强大的心理素质，可以潇洒地走自己的道路而毫不顾忌别人的眼光。不过，只要心中有自信来做支撑，便可以避免任何事都被别人牵着鼻子走而迷失了真正的自我。记住，不要让自信无限膨胀后变成自负，否则原本积极向上的自我认知就变成夜郎自大和一意孤行了。

总而言之，我们在面对别人的评价时，既不能完全置之不理，也不必过分在意，而应该在认真聆听别人评价的基础上，客观地看待他人对自己的评价，择其善者而从之，找到最好的平衡点。

4 借助专业心理测试

王凤报了一个昆明七日游的旅行团。在火车上，为了排解旅途中的无聊时光，大家提议玩猜拳游戏，谁输了就要站起来为大家展示一项才艺。

旅行团里有个女孩叫任洁，当她在游戏中失败后，站起来大方地说："我大学的专业是心理学，那我就给大家做几个心理小测试吧。"听闻此言，大家都兴致勃勃。

任洁说道："首先，请大家在心中写一个'井'字，如果能够写在纸上更好。然后假设你自己的位置在'井'字正中间，你会将生活中最爱的人、最依赖的人、最尊敬的人和最讨厌的人分别放在'井'字上下左右的哪个位置？"

五分钟过后，任洁再次说道："正确答案是——放在你左边的人，是你内心深处最爱的人；放在你右边的人，是你非常喜欢且亲近、值得信任的人；放在你头顶上的人，是你内心比较尊敬的人。而你选择放在下边的那个人，则是你非常不喜欢和讨厌的人。"

王凤心中暗自一惊。原来，出发前她还在犹豫要不要答应同班同学陈翔的追求，但在刚刚测试中她将陈翔放在了自己的上边，这正是她一直以来对陈翔的感觉——尊敬、敬佩，但没有爱。

此后，王凤迷上了心理测试。不管是遇到人际关系问题、求职问题还是恋爱问题，她都会在相关网站上疯狂地做一些心理测试，然后对照答案，如果结果是自己想要的答案就会高呼准确、过瘾；如果结果不理想，她就会带着沮丧的心情接着做更多的心理测试，直到出现自己希望的那个答案。对王凤而言，她每次做完心理测试后，心中都会感觉更加踏实，好像从答案中获得很多的安慰和支持。

不知从什么时候起，生活中像王凤这样迷恋心理测试的人越来越多，甚至一些公司也开始将心理测试作为面试的环节之一，应聘者只有测试答案符合公司的条件和要求，才有机会成为公司的正式员工。

但实际上，心理测试尤其是网络上许多趣味心理测试题往往缺乏专业的心理知识和严谨的数据调查等科学支撑，除给人带来信念上的支持和满足以外，并不具备任何的可信度和实践性。

在心理学中，专业的心理测试是指“通过一系列手段，将人的某些心理特征数量化，来衡量个体心理因素水平和个体心理差异的一种科学测量方法”。

专业的心理测试编制起来是非常科学且严谨的，以符合信度、效度的问卷方式进行，并经过大量的实践验证和不断的校订完善。专业心理测试必须是有效且可靠的，并且具备针对性强、题目设置合理以及建议性结论为主这三大特点。其中，建议性结论是指心理测试的目的仅仅是对一个人可能会发生的倾向性进行判定，而非绝对好坏，因此结论也不应极端化。

关于心理测试的种类，美国心理学家 1961 年的调查结果显示已经差不多有 3000 余种。时至今日，这个数量更是在持续不断地增长中。具体可分为以下几种类型。

第一，根据测试内容的不同分为心理健康测试、个性倾向测试以及人格测试等。

第二，根据测试媒介的不同分为语言文字类测试和非语言文字类测试。其中，非语言文字类测试是指“各种通过画图、仪器、模型、工具作为测试媒介”的测试。

第三，根据被测试人数的多少分为个别测试和团体测试。

第四，根据测试方法的不同分为问卷式测试、作业式测试和投射性测试。

第五，根据测试目的的不同分为难度测试和速度测试。

通常而言，专业的心理测试不仅能够在较短时间内迅速对一个人的心理素质、潜在能力等做出基本判断，而且具备比较科学、相对公平以及可以相互比较等优点。但需要注意的是，专业心理测试也很有可能被滥用和曲解其真实含义。比如，上述案例中王凤借助心理测试来逃避现实，公司企业仅凭心理测试决定应聘者的去留等，都属于单方面夸大心理测试的功能。

我们万万不要过分地夸大心理测试的作用，要明白心理测试尤其是专业的心理测试虽然能够给我们更好地认识自我提供一定的参考，但它所体现的仅仅是个体进行测试的那个时间段的情况，并非是固定不变的终生论断。如果因为偶尔的一次心理测试而导致情绪受到负面因素影响或是正面情绪迅速转化为负面情绪，实属提升自我认知时的不当之举。

5 超越迷茫，寻找真实的自己

《谁的青春不迷茫》一书主要讲述了作者刘同从大学到工作十年间的经历和感悟，他用亲身经历告诉每一位读者，每个人都会经历迷茫期，正如每个人都曾拥有青春期。在第八届中国作家富豪榜文化盛典上，《谁的青春不迷茫》获封年度“最佳励志书”。

这本书之所以如此受欢迎，除作者刘同运用第一人称那种真诚、娓娓道来的表述方式之外，还因为这本书直指当今时代大众，尤其是青年人的内心深处——不知道自己究竟想要什么，容易感到迷茫。

在汉语词典释义中，迷茫包含两层含义：第一，广阔而看不清的样子，比如，在一个大雪漫天的清晨，原野上一片迷茫；第二，迷惑茫然，多用来形容生活或工作失去方向感，同时伴有情绪低沉、自我怀疑以及神情恍惚等表现。比如，魏巍在《东方》第一部第三章中写道：“郭祥心中一阵迷茫慌乱，不知道家里发生了什么变故。”

如今，很多年轻人虽然接受了更为科学、系统的学校教育，拥有更好的生活条件，可以考上名牌大学并找到优秀的工作，甚至做更多让人敬佩的事情，但其实在这些优秀的背后，他们心中隐藏着无限的空虚和迷茫。于是，处于自我迷失状态下的人，有的会选择让自己变得更忙碌，尽量不去思考这个问题，有的则深陷其中，纠结痛苦，严重影响到生活和工作。

音乐巨星周杰伦出生在台北市一个极为普通的家庭。他从小听到音乐就会跟着节奏摇摆，也喜欢跟着录音机学唱歌。他父母离异，没有兄弟姐妹，性格孤僻而又有些害羞。在周杰伦的成长之路上除了音乐，似乎再也没有其他能带来更多快乐的东西了。

高中时，他凭借钢琴弹得好、篮球打得好而成为学校里的风云人物。虽然自此多了一些朋友，创作的歌曲也有人欣赏并收藏，但更多的时候，当同学们都在忙碌着准备升学考试时，他却每天逃课、练琴。他不知道自己这样不善言辞的性格究竟能做什么，又能做好什么。

他喜欢玩音乐，但在当时的人们看来玩音乐这件事只能是有钱人的专属。他喜欢篮球，但身高不足，又不可能成为专业的篮球运动员。他喜欢功夫电影和打游戏，但这些都不能让他因此变得更好。他想要像其他人那样为了上大学而拼命努力，但从小在学习上就有些力不从心。他也曾尝试到餐馆做服务员，也曾在学妹帮忙下参加偶像征选活动，但最终都因为内向、害羞的性格而不了了之。那个时候的周杰伦对未来感到一片茫然。

直到台湾著名主持人吴宗宪偶然间发现他的作曲才华，并聘请他到自己的唱片公司担任音乐制作助理一职。制作助理的工作很杂、很累且工资很低，但也正是在这一年多的工作中，周杰伦慢慢地发现：只要有音乐，只要自己和音乐在一起，他就会感到非常放松和快乐。

后来，周杰伦在吴宗宪的帮助和支持下发表了自己的第一张专辑《JAY》。专辑一经发行便在整个华语乐坛一炮而红。他的人生道路上终于有了光，不再迷茫黯淡了。

从害羞、迷茫的小男孩到一代音乐巨星，周杰伦用自己的青春和实践告诉我们：迷茫并不可怕，勇于超越迷茫，就能收获一个更好的自己和更灿烂的人生。

那么，我们应当如何摆脱迷茫呢？又如何像刘同和周杰伦一样寻找到最真实的自己呢?

首先，建立自我同一性，避免角色混乱。作为心理学中的一个重要概念，自我同一性并没有一个统一的定义和概念。一些心理学家将同一性定义为“个体将自身动力、能力、信仰和历史进行组织，纳入一个连贯一致的自我形象中”。但本质上，它是指个体“人格发展的连续性、成熟性和统合感”。如果个体缺乏自我同一性，就会发生角色混乱、陷入迷茫，不停地更换兴趣爱好、目标以及工作等，很难找到适合自己的生活。我们可以依靠专业心理咨询师，或者借助写日记、多与人交流、自我反思等方式帮助自己建立自我同一性。

其次，提升自我效能感和自尊心。自我效能感是指个体对自己是否能够完成一件事的判断。面对相同的困难，自我效能感高的人对自己拥有更多的信心，自我效能感低的人则往往容易从一开始就断定自己什么都做不好。另外，自尊心低的人较之自尊心高的人更容易忽略自己的优点，反而专注于自己的缺点。善于发现自己的优点，这对自卑的人是很有帮助的，这类人应该学会对自己的优点进行详细的描述以提高自尊心。同时，发挥特长来体验微小的成功可以逐步提升自我效能感。

再次，制定长远目标和短期目标。迷茫的人通常缺乏明确的目标，因此，在完成以上两个步骤后，努力找到自己擅长或热爱的事情并且尝试着给自己制定一些目标，为人生寻找一些方向。

最后，要想彻底摆脱迷茫，找到真实的自己，需要增强自制力和行动力，不能只是空想和无谓地苦恼。尤其重要的是，结束拖延，马上行动起来，从脚踏实地地做好当前的一些小事情开始。

6 学会自我接纳

唐红性格开朗、温和，爱好旅游、爬山等户外运动，为人也十分诚恳、仗义。不管是上学期间还是工作以来，她都受到周围人的欢迎。但，已经 35 岁的唐红仍然孤身一人，甚至一次恋爱也没有谈过。

原来，唐红的身材略微有些矮胖，长相也很普通。尽管曾使用各种减肥和美容方法，但她仍然没有瘦下来。唐红心中一直都很自卑，有时会大哭着责怪父母为什么把自己生成现在这副丑模样，甚至一度想要到韩国整容和做抽脂手术。因此，唐红一直认为只有美女或身材好的人才值得被爱。

大学时，班里曾有个男孩追求唐红，并明确表示比起身材和长相，他更喜欢和欣赏唐红独立、明朗的个性。但唐红心中仍然固执地认为"不过是说得好听。天底下有哪个男人不喜欢美女呢？更何况我这么矮、这么胖，长得也不漂亮，他怎么可能真的喜欢我？"

"森田疗法"的创始人森田正马曾表示，所有的神经症，其本质都是疑病素质。多数完美主义者通常具有较高的生活目标，并且对自身所有缺陷显示出过分执着的关注，有时候会表现出对自己的不接纳、不认同。

生活中不能很好地接纳自我的人通常会表现出：自责与内疚、否认事实的发生、抱怨、将所有事情都归因于外部力量等，并且千方百计想要改变自己，因此深受痛苦和折磨。

无论多么有成就的人，如果不能完全地实现自我接纳，那么，其内心深处必定藏有很深的自卑感，很难真正感受和体验到成功带来的喜悦。当个体无法很好地接纳自我时，他将会花费更多的时间和精力用于处理内心与现实的矛盾，相应地，这也就使得他无暇顾及学习、工作以及情感关系，或者处理大多数事情时都会有些力不从心。此外，不能接纳自我的人也时常会产生“社会不接纳我”等思维偏见，导致负面情绪不断增加、反弹，严重影响工作和生活。

可见，我们需要学会接纳自我。毕竟生活中如出身、长相以及智力等方面是没有办法选择的，与其不断抗拒或者自怜自艾，不如面对并接受现实，接纳自己身上所有的好与不好。

在心理学中，自我接纳是指“个体对自身以及自身所具特征所持的一种积极态度”。接纳自我也就意味着对自身以及自身所处环境的好坏都能够欣然地接受，不逃避、不否定、不抱怨。即个体对待自我时持有比较统一的认同感，对待外部事物时持有清楚、明晰的自我边界，对自己以及所面临的环境都有一个更为平衡、合理的判断和认识。

陈玲家中有三个姐姐，姐姐们的身材都很苗条，只有她长相平凡且身材矮胖。每一次家庭聚会时，爸妈总会不住摇头叹息道：“如果你能减肥成功，我们该多么幸福啊。”

最开始陈玲感到愤恨、委屈、难过。但有一天，最好的朋友对她说：“你就是你，是世界上独一无二的。虽然你胖，但你不仅懂得如何享用那些美味的食物，还能够将它们很好地制作出来。这样的你在我眼中是非常厉害的。”

受到朋友的鼓励后，陈玲不再因为自己是个胖子而苦恼，她想：“不管胖还是瘦，我都是独一无二的。与其纠结痛苦，不如接受平凡的自己。”她的心情渐渐变得轻松，注意力也从为减肥苦恼转为专注研究世界各地美食。

两年以后，陈玲虽然还像当初那样身材矮胖且长相平凡，但她已经通过自己的努力成为网络上著名的美食博主，还遇到了一位同样喜欢美食、愿意陪着她一起探寻美食的味道并慢慢变胖的男朋友，可谓是事业、爱情双丰收。

要想真正学会自我接纳、拥有轻松、快乐的正能量情绪，需要我们做到以下几点。

首先，尝试每天面对着镜子欣赏自己的身体，并看着镜子中的自己说："你是最棒的。"虽然迈出这一步需要很大的信心和勇气，但如果不这样做，将永远无法真正地接纳自我。

其次，停止自我对立与自我否定。停止自我对立是指"停止对自己的不满和批判"，停止自我否定是指"允许自己犯错误，允许不完美的自己存在"。

再次，分析无法实现自我接纳的原因，明白自己存在的问题并非是个例，降低心理压力。

最后，直面负面情绪，发掘自己身上美好的一面和擅长的事情，合理定位自我，在微小的肯定与成功中逐步建立自信与体验成就感。需要提醒的是，在自我接纳过程中，不要盲目地为了自我接纳而接纳。自我接纳不是消除和对立，而是对自我一切特征（尤其是缺陷与不足）的接受与承认。

7 避免盲目，准确自我定位

战国时期，燕国有位年轻人偶然间听到别人谈论起赵国都城邯郸人走路姿势特别好看。年轻人心中十分好奇，他回到家中就开始打包行李，准备前往邯郸亲眼看看他们走路的姿势。他的这一举动遭到家人的强烈反对，但不管家人如何劝说，年轻人仍然不辞辛苦地向着邯郸走去。

站在邯郸的街道上，望着来来往往的人们，年轻人想要学习却不知该从何开始。恰在此时，从对面走过来一位公子同他擦肩而过。燕国人慌忙转过身跟在这个人后面，亦步亦趋地模仿他走路的姿势。尽管年轻人学习得十分认真，但因为赵国人全然不知身后有人在学自己走路，故而很快就走出了年轻人的视野。

随后，年轻人相继跟在走路较慢的老人、刚学步的小孩身后学习走路。仅仅几天下来，他已经闻名整个邯郸城。

这天，年轻人几经反思之后将苦学不会的原因归结于自己没有完全忘记之前的走路姿势。他开始强迫自己完全忘掉之前走路的姿势，像个刚蹒跚学步的小孩子一样每天跟在赵国人身后学习他们走路的步法。几个月过去，他仍然没有学会赵国人走路的姿势，更可悲的是还忘记了自己原先是怎么走路的，只好爬行而归。

邯郸学步的故事除告诉我们学习要注意方法，切忌生搬硬套外，还提醒我们无论是生活、学习还是工作，在做任何事情之前都要对自己有一个准确清晰的自我定位，明确知道自己当下所处的位置、自己的能力以及想要达成的目标方向等。

台湾著名漫画家蔡志忠先生曾说："大多数人在生活的跑道上都是盲目地跟着别人跑。我觉得要紧的是先停下来，退到跑道边，先反省自己，弄清楚'我是谁？我能做什么？我怎么去做？'，然后再按照自己的方式去跑。"

自我定位，也就是要求我们对自己有一个清醒认知的同时能够及时地认清自己当前所处的位置。因为准确的自我定位可以帮助我们最大可能地避免盲目与迷茫、更好地发挥自己的才能、善用自己的资源以及增强抗干扰能力等，最终比他人更快地实现自我价值和理想。

鲁迅早年留学日本，在仙台医学专科学校学医。一天，课堂上老师正在播放幻灯片，其中有一个被当作俄国探子的中国人眼看就要被手拿钢刀的日本兵砍头示众，旁边围观的中国民众却没有一个人上前阻拦或抵抗，而是神情麻木地注视着眼前正在发生的一切。

他突然意识到：此前自己一直希望成为一名医生，学成回国之后可以救死扶伤。但从今日种种来看，如果中国人的思想不觉悟，哪怕自己医术再高明，哪怕治好再多的病人，对整个中华民族而言都是于事无补的。

鲁迅认识到当前中国最需要的是改变人们的精神面貌和思想觉悟，比起治疗身体上的疾病，中国人更需要治疗精神上的疾病。他决定弃医从文，相继写出了《呐喊》《彷徨》等经典作品，并最终成为中国著名的文学家、革命家以及思想家，被毛泽东评价为中华民族新文化的方向。

通过这个故事可以发现，最开始鲁迅对自己的定位是一个治病救人的医生。但是当他看到影片中中国人麻木的表情以及听到日本同学挑衅的言辞时，他对自己最初的定位以及当下中国的现状进行了深刻的思考，并最终将自己重新定位为一个“思想上的医生”，用文字这把手术刀来解剖中国人的思想头颅，激发中国人的爱国热情，引领中国朝着更加光明的未来而奋斗。

如今，现实生活中的“就业难”“剩女难嫁”等问题，很多时候和大学生以及剩女缺乏准确的自我定位、遇事盲目而为不无关系。那么，要想改变这种现状，我们应当如何实现对自己的准确定位？

橱窗分析法指出，人们一般通过公开我（自己知道，别人也知道）、隐私我（自己知道，别人不知道）、背脊我（自己不知道，别人知道）以及潜在我（自己不知道，别人也不知道）这四种不同的方式来认识自我。

具体说来，要想准确定位自己，需要我们做到以下几点。首先，通过自评、他评等方式来对自己进行全方位的评价，从而准确地了解自我的个性特质，其次，明白自己的价值点，即优势所在。再次，探寻自己的内心需求和价值观，明确究竟自己在坚持什么和更想要的是什么，最后，找准立足点，踏实勇敢地去做。

8 保持谦虚谨慎

夜郎国是汉朝时期一个独立的小国家。夜郎国国王自出生开始就没有离开过自己的国家，因此他一直认为夜郎国是世界上最大的国家。

这天，国王一时兴起想要微服私访巡视整个国家。在行进的路途中，他问道："天下哪个国家最大？"众部下皆异口同声说："夜郎国最大。"听到这个答案，国王满足地点头微笑。国王又指着一处巍峨耸立的高山说："这是夜郎国最高的山峰，也是世界上最高的山峰。"众部下再次点头称是。几天后，国王一行来到河边，国王望着涓流不息的河水说："天下恐怕再没有比它还要长的河流了吧。"部下仍然像之前那样卖力地拍手称赞。巡视结束后，国王心中更加坚信夜郎国是世界上最大的国家，并时常以此为豪。

某天，汉朝派遣使者前往夜郎国。使者先经过与夜郎国相邻的滇国，滇国民众争相追问："我们国家和汉朝相比，哪个国家面积更大？"滇国从上而下表现出的自大和无知让汉朝使者感到惊讶之余又有些可笑。当他到达夜郎国后，没想到夜郎国的子民也像滇国子民那样面带骄傲地问："汉朝和夜郎国哪个国家更大？"

在心理学中，个体的自我意识主要包括自我认知、自我意志和自我情感体验三个方面。其中，人们对自我的评价主要依靠自我认知。如果一个人对自我能力表现出过分的高估和自信，就被称为自负。自负的本质是无知。

自负心理是指“对个体交际对象的外在排斥以及轻视他人的言语和行动”。具备自负心理的人除表现对自我能力的过分高估之外，也时常表现出不自知、看不起他人、以自我为中心、固执己见、难以听从他人的劝告以及强烈的嫉妒心等。

自负心理大多是由生活环境的顺遂、自我认识的不足以及自尊心过分敏感等原因造成的。自负使人们无法建立正确的自我评价体系，更会降低对周围环境的观察力以及分析判断能力等。夜郎国举国上下之所以会认为夜郎国是世界上最大的国家，正是因为他们将目光局限于自我现有的认知范围内，对自我进行孤立、片面的评价所致。

因此，要想避免这些危害的发生，克服自负心理，就需要我们学会更加客观、全面地认识自我，提高自我认识。此外，认真聆听他人意见和建议，择其善者而从之，对克服自负心理是很有帮助的。要想从根本上克服自负心理，着重培养我们保持谦虚、谨慎的传统美德才是标本兼治的方法。

英国现代杰出的现实主义剧作家萧伯纳应邀到俄国访问。这天，在莫斯科街头，一个可爱的小女孩正在高兴地玩耍着。外出散步至此的萧伯纳看到这个小女孩，不禁走上前去主动加入小女孩的游戏中，并与其玩得非常愉快。

不觉间天色渐晚，临近告别时，萧伯纳得意扬扬地说：“等会儿你可以自豪地告诉你的家人，刚刚大名鼎鼎的萧伯纳陪你一同玩耍。”出乎意料的是，小女孩并没有像萧伯纳想象中那样恭顺地回答“是”，而是仰起头模仿萧伯纳的语气说：“那么，请你回去后也告诉你的家人，今天下午有一个叫安妮的小女孩曾陪你一起玩耍。”

随后，萧伯纳立即认识到自己刚才语气中的自负与傲慢。他懊悔道："安妮让我懂得，一个人无论有多大的成就，都应该时常保持一颗谦虚的心，平等地对待任何人。"

谦虚除指个体即便对将要采取的行动充满信心、也能够主动向他人请教或者聆听不同意见之外，还包含"虚心，不夸大自己的能力或价值"的意思。

魏文侯听闻扁鹊很有名，便召见他问道："听说你们三兄弟都是学医的，那谁的医术更高明呢？"扁鹊谦虚地回答："两个哥哥比我的医术更高明。"魏文侯及在场的大臣均不解地问道："为何天下人从来不知你那两个哥哥呢？"

扁鹊仍然谦虚地回答道："大哥能够一眼就看出某人可能会得什么病症，然后提前进行医治以防患于未然。所以，很少有人知道大哥的医术高明。二哥能够在那些大病刚刚开始发作时就将其及时根治，因此仅仅在家附近小有名气。至于我，既不能像大哥那样'防病于未然'，又无法像二哥'治大病于小恙'。我只有在人们病情最严重时才能看出来并为他们医治，因此两位哥哥才是神医，我只是被人们所熟知的名医。"

扁鹊享受盛誉却不恃宠而骄，谦虚地认为自己只能算是名医，而不是神医，这种不骄傲、不自满的自我认知和处世态度让他获得了更多的尊敬，也拥有了更多的动力去钻研医术、精益求精。

孟德斯鸠曾说："谦虚是不可缺少的品德。"加尔多斯也认为："谦逊是一种美德的幼芽、蓓蕾，是最宝贵的美德，是一切道德之母，有了这种美德我们会受益无穷。"拥有了这样的美德，何愁负面情绪会掌控我们的人生、破坏我们的心情呢？

9 清除情绪负债

王婷7岁那年，母亲因为不堪忍受贫穷的生活而离家出走，留下王婷和父亲两人。母亲走后，父亲工作忙碌，总是很晚才回家。每次王婷高兴地迎上前想要父亲拥抱自己时，如果父亲情绪比较好，他会像以前那样将王婷高高举起并在空中旋转一圈，直到王婷大呼“害怕”才会笑意盈盈地将她放下来。如果父亲情绪不好时，面对飞奔上前的王婷，他总会视而不见。

有一次，王婷奔跑着前去迎接父亲时不小心将桌子上的茶杯碰倒在地，父亲走过来非但没有关心王婷是否受伤，反而挥舞着手掌在王婷的脸上留下了红肿的掌印。在王婷的记忆里，父亲总是心情不好的时候居多，而自己也是时常处于对父亲今天心情如何、会如何对待自己的担忧中。

大学期间，王婷相继谈过两段恋爱，但每一段恋情都不超过两个月。原来，恋情刚开始时，王婷也像其他小女生一样甜蜜。但随着两个人关系的深入，当双方开始逐渐步入牵手、亲吻等亲密阶段时，王婷就会感到毫无缘由的紧张、担忧和厌恶，最终选择迅速从恋情中抽离而出。

大学毕业两年后，王婷因为工作表现出色被董事长提拔为部门经理，但与此同时，她承担的责任也越来越重。她每天都在担心自己会失败、会完不成任务、会拖团队的后腿、会被上司厌弃，最终选择辞职。此后，她又换了两家公司，但结果依然以辞职告终。一个是因为办公室同事之间位置挨得太近，让她倍感焦虑；一个是像之前那样被老板提拔之后再次选择逃避。

王婷在恋爱和工作中的这种表现，在心理学中被称为“情绪负债”。情绪负债主要有以下三个来源：第一，亲子关系中属于依赖型、控制型和竞争型的性格，并由此产生不同的约束。第二，长期对自我情绪，尤其是负面情绪进行伪装和压抑，这部分未被满足和未得到释放的情绪进一步增大个体的心理压力。第三，个体不满足于现状却又不愿意付出切实行动进行改变。

情绪负债大多由童年开始。男孩在刚出生到6个月这段时间中，无论他怎么哭闹大家都认为这是孩童的正常生理反应。可是当他到一两岁时还因为一些事情而哭泣时，父母、老师就会向他灌输“男子汉大丈夫不可以轻易流泪”的观念；当他慢慢成长至五六岁时，他就会慢慢懂得压抑自己的悲伤以及如何利用哭泣。如果童年阶段压抑情绪的方式产生错误，就会埋下一个应对此类情绪的错误机制，不断经历同类事件、不断产生同类情绪、又不断进行错误的压抑，情绪负债就会越积越多、越背越重。

如若人们背负过重的情绪负债，将会导致其面对生活中的事情时过分敏感，严重扭曲事情的本来状况，做出过度反应，最终造成不同程度的心理障碍。上文中的王婷小时候渴望父亲的拥抱却换来冷漠以对甚至挨打，这部分受伤的情感经历正是王婷的情绪负债，它使得王婷在潜意识中害怕亲密，最终对与人建立亲密关系感到焦虑和抗拒。

要想有效地清除情绪负债，下述内容会为我们提供帮助。

首先，个体要学会自我心理调节，不要过分地压抑和控制自己的情绪。个体看待事物的观点是影响自身情绪的根本原因。因此，只有在调整心态的基础上，再想办法改变心情，才会对稳定情绪发挥良好的作用。

其次，学着改变自己的想法，少钻牛角尖，尝试着多从积极的一面去看待一切。当遇到事情时，在鼓励自己勇敢表达的同时也要学会劝慰和开解自我。

再次，寻找正确、合理的情绪发泄途径和方式。

最后，增加与他人的沟通和交流，借此明白自己并非特例，进而对之前郁积在心中的负面情绪进行排遣，释放自我。

总而言之，情绪是可以调整和管理的，但不能控制和压抑。面对情绪负债，我们必须学会承担起自己应承担的全部责任，同时想办法改变自己，用合理的方法将自己的情绪进行适当疏解，提升自我认知，清除情绪负债，成为情绪稳定的人。

10 建立清晰的自我边界感

在日常生活中，常常会听别人说起“那个人就是自我边界感太强”。到底什么是边界感？边界感，就是需要我们能够正确且清晰地认识生活、事业和家庭的关系，认清自己和他人之间的边界，从而更好地生活。

作为人际关系中的自我界定，自我边界是自我的产物。在心理学中，自我边界是一种意识，即意识到个体与个体之间是不同的，并且也不会因为这种不同而感到焦虑。心理学家认为“每个人都是一座孤岛，自剪断脐带之后，个体与个体之间就有了界限。同时，没有人是一座孤岛，每个人都通过不同的方式来寻求与他人的连接”。这种分离与连接感相互交织碰撞，构成了心理学中的自我边界。自我边界的建立过程，同时也是一个自我认识、自我寻找的过程。

自我边界感太强的人，容易给人形成一种孤傲、冰冷的感觉。但如果一个人边界感太弱，他在人际交往中就很容易分不清自己的事、他人的事以及老天的事这三者之间的区别，不仅会冒犯别人的边界，也会给自己带来很大的困扰。

方燕当初和老公王峰结婚时再三声明，婚后绝对不能和公婆同住。于是，王峰好不容易说服家里人又重新按揭付款买了一套房，方燕才算彻底放心。

这天，方燕因为身体不舒服请假在家休息，突然婆婆开门走进了她的房间，两个人同时愣在了原地。婆婆慌忙说："我以为你们都去上班了，就想着过来帮你们将门窗打开透透气。"

至此，方燕才知道原来每天自己和王峰上班后，婆婆都会拿着新房子的钥匙将整个房子里的东西翻看一遍再离开。自己新买了哪些衣服，家中都有哪些新添置的东西等所有事情她都一清二楚。

尽管方燕当场表明了希望婆婆能够将钥匙归还的意愿，但婆婆非但没有认清自己的错误，反而生气地说道："这是我儿子和儿媳妇的家，我没事过来看看怎么了？我一个老太婆天天帮你们看家，你不领情就算了，居然还责怪我，到底有没有良心？"

自古以来，中国就是一个重视亲情的国家，但同时也是一个缺乏自我边界感的国家。上文中，方燕的婆婆没有分清自己的家和媳妇的家这两个概念，因此常常在方燕夫妻外出时进入其家中四处翻看，使方燕感到困扰，同时也打破了家庭成员间的和谐关系。

在心理学中，只关注自我或只关注别人的人都很难在人际相处中形成正确的自我边界意识。很多边界感不清晰的人尤其是长辈，面对子女时常常会抱有一种理所当然的想法。比如，你是我儿子，你的家我为什么不能来？你的日记我为什么不能看？你的事就是我的事等。

最近，董丽因为正处于青春期的儿子总是与她对抗而感到万分苦恼，好朋友庞寅说："你因为他不听话而苦恼吗？"董丽叹了口气道："对啊，他不听话我就会有一种无力感。我是他妈妈，自然不会害他，可是他居然还与我对抗。"

庞寅问道："他都在哪些事情上不听话呢？"董丽回答说："今天早上，我让他穿蓝色的运动服，他却非要穿那套红色的衣服，你说一个男孩子穿红衣服像话吗？"庞寅轻笑道："穿什么衣服是他的事，你这纯粹是自己没事找气受。”

董丽略有认同地说：“好像是这么一回事。经你这一提醒，我发现自己不仅面对儿子如此，有时候看到好朋友恋爱对象不靠谱劝说无果时，我也会感到非常受伤。甚至在办公室里，因为看到领导处理事情不公平，担心就此影响领导在员工心中的形象和威信，在和领导推心置腹交谈时，却受到了领导的嘲讽和冷落。”

从董丽对待孩子、朋友、上司的态度和行为来看，她也是一个自我边界界定较为不清的人，总是试图去参与别人的生活，这种“你的事就是我的事”的“热心人”在很多时候反而不受欢迎，因为他们侵犯了别人的自主权和隐私权而不自知。模糊不清的边界意识常常成为人际关系中矛盾与纷争的最强导火索。

一个自我边界感良好的人，是一个独立的人，也是一个懂得对自己所有行为和情感负责的人，更是一个懂得自我尊重、尊重他人并同时兼顾他人感受的人。

高铭在美国研究生毕业后留在纽约一家证券公司上班。一个月后，经理突然找到他说：“本周小组中有人需要请假，请问你是否愿意周五晚上加班？”依照在国内实习时的经验，虽然高铭很想回绝经理的加班要求，但还是勉强答应了，并在心中暗暗思量着借此机会可以赢得经理对自己的好感。

但两周过去了，高铭发现经理并没有对他表示出任何感激或赞许。与职场前辈进行交流后，高铭才知道，经理没有如他所想象的那样对他的自愿加班有所表示，是因为在经理看来加班是高铭自己的选择，可能他更需要钱。就算高铭当初拒绝经理的加班要求，也丝毫不会影响经理对他日常工作的看法和评价。

对高铭的经理而言，正是因为有着良好的自我边界感，他才能够正确、理性地看待员工的加班行为，而不会像有些边界感不强的领导那样，将是否接受加班、满足上司的各种要求作为工作努力等绩效考核的依据，而不是着眼于工作态度和工作业绩本身。

需要注意的是，建立清晰的自我边界，并非意味着让个体变得自私和自我防卫，切不可矫枉过正。

第六章 06

积极暗示，培养良好心态

1 学会自我解嘲

心理防卫机制在心理学中又被称作“自我防卫机制”。它是指“自我受到超我、本我和外部世界的压力时，发展出的一种机能”，是个体为了避免痛苦、焦虑、尴尬等心理而在潜意识里进行调整，是一种对本我的压抑。

心理防卫机制有好也有坏，理想的心理防卫机制是升华，即个体遭遇挫折与失败之后能够借助艺术创作等合乎社会伦理道德的方式进行情绪宣泄。总体来讲，心理防卫机制大致可以分为自恋心理防卫机制、不成熟心理防卫机制、神经症心理防卫机制以及成熟心理防卫机制。

具体而言，自恋防卫机制和不成熟心理防卫机制多发生于婴幼儿时期，如果成人运用此类防卫机制进行自我心理防卫，后果将很难看。成熟心理防卫机制作为自我发展成熟后所表现出的防卫机制，在面对和解决问题时较之其他防卫机制更加容易被人们所接受，也更能有效地处理及化解个体当下所遭遇的种种情绪以及心理问题。

成熟的心理防卫机制主要包括压抑、自我解嘲式幽默以及补偿等表现形式。其中，自我解嘲式幽默是指个体用言语或行动对自己或他人进行幽默诙谐的辩解或嘲讽，以达到化解自身以及他人所处的尴尬情境、缓和现场紧张气氛的目的。关于自我解嘲，有位哲人曾说：“笑的金科玉律是不论你想笑别人怎样，都要先笑自己。”

作为幽默的最高境界，自嘲能够给我们提供一定的帮助，好处有以下几点。

第一，缓解尴尬、紧张的气氛。

林清玄是当代著名作家。有一次，他应邀前往河北某大学进行一场演讲。当天，学生们早早来到现场，整个会场座无虚席。

当林清玄终于出现在讲台上时，有的同学热烈鼓掌欢呼，有的同学略带失望，甚至有的同学竟直接脱口而出：“林清玄怎么长这样？还有点秃顶。”这句话清楚地传到了林清玄的耳中。但他没有生气，仍然微笑着继续走到讲台的位置，坐下来准备开始演讲。

岂料，学校的讲台是多媒体台式讲桌，个子本来就不高的林清玄坐下之后便消失在讲台之后。此时，林清玄仍然没有丝毫尴尬的情绪，而是不慌不忙地站起来自嘲道：“看来，这桌子有点高。既然如此，为了让大家看清我英俊、潇洒的面容，我只好勉强站在讲台下接受你们雪亮目光的‘洗礼’。”顷刻间，整个会场掌声雷动，刚才那些非议的声音都消失了，气氛变得热烈起来。

第二，活跃谈话氛围。

陈明涛身材较胖，有一次他和朋友们聊天时说：“虽然我胖，但这也让我成了一个比别人都要亲切三倍的男人。”朋友不解道：“你胖我们都知道，但为什么会比别人亲切三倍？这二者之间有什么必然的联系吗？”陈明涛自嘲道：“每次在地铁上给别人让座时，我一站起来，可以给三个老人同时让座。”众人皆捧腹大笑。

第三，表现豁达，增加人情味。

唐玲到好朋友林芳家中做客。林芳是一名画家，桌子上时常摆满了各种颜料。唐玲平日里喜欢读书，当她在林芳的书架上看到一本自己渴望已久却遍寻不得的书时，立刻拿来坐在书桌前阅读。期间，林芳为唐玲端进来一盘刚炸好的薯条以及一小碟番茄酱。唐玲边看书边吃。

林芳整理好一切再次进来后，只见唐玲一边看书一边用薯条蘸着桌上的颜料往嘴里送，林芳哈哈大笑。唐玲起初有些迷茫，明白过来之后却笑着说："以前有王羲之蘸墨水吃东西，今天有我蘸着颜料吃薯条。没关系，正好我肚子里缺点颜色呢。"

第四，消除对方敌意，转移他人的关注点。

有一位哲学家的妻子性情十分暴烈，每当有人替他感到委屈和愤怒时，哲学家总会自嘲道："其实有一个这样的妻子也很不错，可以很好地锻炼我的忍耐力，有助于加深自身修养。"

有一次，妻子因为一点小事在家中愤怒不已，对哲学家责骂不休，无奈之下他只好走出家门。谁知，他刚刚走到楼下，妻子便从楼上泼下一盆冷水淋在他身上。正当人们都以为哲学家一定会愤怒大骂时，却见他云淡风轻地说："果然不出所料，响雷之后必有大雨。"

正是这一句自嘲使得哲学家成功转移围观群众想要看笑话的不良心态，避免了更多闲言碎语的传播。

此外，作为心理防卫的方式之一，自我解嘲同时也是帮助人们积极面对人生挫折和逆境的良方秘药。生活中不如意事十之八九，这就要求我们能够及时平衡心态，善于利用自嘲将自己从失落、抑郁、愤怒等不良情绪中解救出来。

但自我解嘲并非意味着逆来顺受、不思进取，而是教导我们以平常心面对世间所有的欢乐和忧愁。此外，自我解嘲时还需要注意：自嘲的内容要虚实相间，不可太过夸张，自嘲的语气要轻松愉快，不可强求或故作幽默。

2 知足者常乐

从前，有个渔夫和他的老婆居住在海边一个十分破旧的泥棚里。渔夫每天下海打鱼时，他的老婆就在家中织补渔网。

这天，渔夫照旧早早地出海撒下渔网，第一次和第二次他都仅仅收获了一些水藻和海草。第三次，渔夫发现渔网中躺着一条美丽的金鱼，这条金鱼看到他之后突然张口哀求道："求求你放了我吧，我会竭尽全力满足你所有的愿望。"渔夫惊讶之余有些害怕，他慌忙将金鱼从渔网中拿出来，对它说："我不要你任何的报酬，你快点回到海里去吧，我只祈祷你再也不要被人们捕捞上岸了。"

回到家中，渔夫向老婆讲述了打捞到金鱼以及金鱼许以昂贵报酬的事情。老婆听完之后，愤怒地指着渔夫破口大骂道："你真是老糊涂了。就算不要昂贵的报酬，至少向它要个新木盆也好，你看咱们家的木盆早已经破得不成样子了。"

次日，渔夫驾驶着渔船来到大海深处，大声地呼唤着金鱼。金鱼很快游过来问道："请问有什么是我可以帮您的？"渔夫哭丧着脸说："昨天回去，我老婆听说此事后将我大骂一通，因此我非常抱歉违背自己的心意重新将你召唤回来。因为我老婆想要一个新的木盆。"金鱼爽快地回答道："没关系，今天回家你就会看到一只新的木盆。"

晚上结束捕捞工作回到家中，渔夫果然看到一只全新的木盆放在屋子中间。然而，这一次老婆却比昨天骂得更厉害："一个木盆才值多少钱？你真是榆木疙瘩死脑筋，明天你去向金鱼要一间木屋。”如此这般，渔夫在老婆的怒骂下向金鱼索取了崭新的木屋，之后又在老婆的要求下把她变成世袭的贵妇人以及高贵的女皇。

即便如此，渔夫昔日的老婆，如今高高在上的女皇仍然不知满足。她命令部下将渔夫押解到海边，要求他召唤金鱼将自己变成海上的女霸王，并且让金鱼随时听从她的差遣。当渔夫说完这次请求之后，金鱼什么话都没说便转身游向大海深处。

渔夫在海边等了很久。黎明时分，当他回到家中却发现一切又回归到了原来的样子。老婆不再是高高在上的女皇，仍然像从前那样坐在泥屋的门槛边修补着破烂的渔网，她的面前还是那只破旧的木盆。

童话故事中渔夫的老婆原本都可以好好地享受美好的生活，却因为不知足的心态而最终失去了一切。老子曾说：“罪莫大于可欲，祸莫大于不知足；咎莫大于欲得。故知足之足，常足。”这句话的意思是说，再没有比放纵欲望更大的罪恶，再没有比不知道满足更大的祸患，再没有比贪得无厌更大的过失。只有懂得满足的人，才能永远感到满足和快乐。

胡九韶是明朝金溪人。他家境穷困，即使每日与妻子辛勤教书和耕作，所得的一切也仅仅维持生活的日常花销。尽管如此，每天黄昏时分胡九韶吃过饭后都要在自家门前摆桌焚香，感谢上天又赐予他一日的清福。

年复一年，日复一日。这天，胡九韶再次感恩叩谢过后，妻子终于忍不住说道：“我实在不明白，咱们每天都喝最清淡的菜粥，既没有吃得很好，也没有穿得很好，怎么能够称得上是清福呢？”

胡九韶淡然一笑：“你应该这样想，我们生活在太平盛世，不用因为战乱而四下分离。我们每天至少有菜粥可以喝，也有遮风避寒的衣服可以穿，不用挨饿受冻。最重要的是，我们家中既没有病人，也没有监犯，人人平安健康，这难道还算不上是清福吗？”

需要注意的是，知足常乐并非仅仅指懂得满足，更重要的是要懂得什么时候停止自己的欲望，怎样终止自己的欲望以及如果不控制欲望将会造成怎样的后果。也就是说，只有学会控制自己的欲望，见好就收，才算是真正长久的富足，从而获得永远的快乐。

3 换位思考很重要

在村庄的一处窝棚里，一头猪、一只绵羊和一头奶牛共同生活在一起。这天，主人准备将猪从窝棚中捉出去，猪拼命地挣扎和大叫。绵羊和奶牛被猪刺耳的叫声吵得心烦不已，它们对猪抱怨道："我们每天都要被主人捉出去一次，你何时听见我们像你这样喊叫？"猪愤恨不已地回应说："那是因为他捉你们出去，只是想要你们的毛和乳汁。而捉我出去，却是想要我的命啊。"

在这则寓言故事中，因为猪、绵羊和奶牛所站的立场不同，因此，当奶牛和绵羊习惯于每天被主人捉出去的日常生活时，面对猪的惨叫就会表现出不理解甚至厌烦。而猪因为深知自己一旦出去就会失去性命，只好拼命地惨叫。这就像在人际交往的过程中，我们常常习惯从自己的角度对他人的行为进行评价和判定，没有实现换位思考，最终造成认识的片面性，也给自己带来了不好的心情。

换位思考是指我们想问题、做事情时能够设身处地站在对方的位置上理解对方，为对方着想。作为人际交往的基础，换位思考能够帮助个体从他人的角度出发，重新看待和思考问题，对他人的内心世界产生更深一层的了解，进而在处理事情时能够更加平静、理性地做出判断，减少误解及矛盾的发生，让激动的情绪重归安宁。

杨铭非常喜欢逛商场，只要有时间她就会拉上三五好友一起逛商场。即使结婚生孩子也没能阻挡她对商场的喜欢和热爱。有一段时间，杨铭逛商场时总会带上5岁的女儿琪琪，美其名曰从小培养她对服装的敏感度和对美的欣赏力。

刚开始，琪琪面对商场里琳琅满目的商品以及来来往往热闹的人群感到非常兴奋和开心。但慢慢地，琪琪不再愿意和杨铭一起逛商场。无论杨铭怎样诱惑她，琪琪都表示出极强的抗拒心理。这让杨铭感觉非常失落。

这天，杨铭独自一人逛商场时，不小心将手中的纸巾掉落在地。在她捡起纸巾准备站起来时，突然发现自己眼前只有其他人的胳膊和腿在不停晃动，看不到平日里任何美丽的画面。那一刻，她终于明白琪琪为什么不愿意和自己一起逛商场了。她决定以后不管带琪琪去商场还是外出游玩，都要尽量抱着她，让她和自己处在同一个高度，看到真正的美景。

那么，怎样才能做到换位思考呢？在换位思考的过程中又有哪些需要注意的问题呢？

首先，学会站在他人的角度去真正理解他们的思维方式。很多时候，我们以为只要站在对方的角度思考就是换位思考，但这仅仅是掌握了换位思考的外在表现形式，忽略了换位思考的本质是尽可能地理解对方的思维方式。只有用心地理解他人思考问题的方式以及由此所延伸的行为模式，才是真正的换位思考。

如果只是将自己的身份发生调换，然后依然用自己的思维去理解别人，这样做非但不能达到换位思考的效果，反而容易激化原本存在的分歧和矛盾。

比如，秦璐在感情上遭受过严重的创伤，虽然已经年过30岁，但她依然坚持独身主义。这让亲朋好友非常着急，他们整天催促秦璐尽快恋爱、结婚。这让秦璐非常反感。尽管家人尝试从各个角度去理解秦璐，但实际上由于他们仍然是在用自己的思维方式对秦璐的想法进行分析，因此很难真正感受到秦璐坚持独身主义的理由。

其次，做到标准统一，宽人严己。有的人在想问题、做事情时往往对人和对己奉行两套截然不同的标准法则，尤其是在网络信息尤为发达的今天，每当网络上发生什么事情时，“键盘侠”们就会不分青红皂白地对当事人进行严厉的抨击和谩骂。但如果换成他们自己，未必能够做得更好。

在现实生活中也是如此。有些父母总会把自己做不到的事情强加在孩子身上，给孩子带来严重的心理负担。标准的不统一使得人们很难真正站在对方的处境和立场上看待问题，若是我们能够对人、对事都做到标准统一，同时秉持宽人严己的人生信条，便可以更好地理解他人，实现换位思考的真正价值。

再次，深入对方的生活，用心体验。用心感受和体验他人的生活能帮助我们更好地认识和了解对方的言行举止，进而更好地理解对方的想法、意图、情绪。

最后，加强沟通，真诚待人。要想使换位思考取得预期的效果，沟通和信任是必不可少的两大因素。没有良好的沟通和信任作为桥梁的换位思考，只能是一场空谈。

4 宰相肚里能撑船

这天，美国发明家富尔顿来到法国，他向拿破仑建议用自己刚发明出来的蒸汽机轮船取代当时的木质舰船。在当时的条件下，蒸汽机轮船显然比木质舰船更先进、更强大。拿破仑认真地聆听着富尔顿的讲演，几乎就要应允他的提议。

但是富尔顿演示结束后，为了表达自己对拿破仑的敬佩之情，他俯身恭敬地说："伟大的陛下，您将成为这个世界上真正高大的人！"闻听此言，拿破仑脸色骤变，他愤怒地命令手下将富尔顿赶出凡尔赛宫，并大声呵斥道："赶紧从我的眼前消失吧。虽然我不认为你是个骗子，但毫无疑问，你是一个愚蠢的傻瓜。"

后来，富尔顿的这一项发明被英国人购买，最终为英国确立世界海上霸主地位奠定了坚实的基础。自此，法国远远地落在了英国后面。

一个世纪后，爱因斯坦给当时的美国总统罗斯福写信，建议美国应当迅速研制原子弹。在信中，他写道："总统先生，如果1803年，拿破仑接受了富尔顿关于建造蒸汽机轮船的建议，今天的世界格局将不会是现在这样！"

对拿破仑而言，因为自己的愤怒而丢失了一个可以让法国称霸世界的大好机会。让他生气的原因，仅仅是富尔顿称赞他时使用了"高大"一词，这个词语击中了拿破仑内心深处最自卑的地方——个子矮小。拿破仑的不宽容，让法国的发展留下了遗憾。

在汉语释义中，宽容是指“允许别人的不利行动或判断，耐心而毫无偏见地容忍与自己的观点或公认的观点不一致的意见”。宽容的根本在于个体度量的大小，而决定一个人度量大小的根本在于他是否具备长远的目光。只有具备长远目光，不计较眼前的得失与个人的荣辱，才能拥有更大的度量，才能够在为人处世时更好地宽容他人。

三国时期，诸葛亮去世后，蜀国朝政由蒋琬主持。蒋琬有个叫杨敏的属下，平日里个性孤僻，沉默少语。即便有时蒋琬亲自与他交谈，他也只是点头或微笑应答，从未听他说过只言片语。日子一久，有人对杨敏的行为举止感到极度不悦。在蒋琬又一次同杨敏交谈过后，这人故意小声嘀咕道：“面对大人的问话他竟然一字未语，简直太不懂规矩了。”

蒋琬淡淡一笑：“每个人都有不同的个性。如果杨敏当着众人的面夸赞、巴结我，那就违背了他的本性；如果让他在大家面前细说我的种种不是，他又担心会让我没面子。所以，他选择默不作声。这也正是他为人做事的可贵之处。”后来，人们常以“宰相肚里能撑船”来形容蒋琬对下属杨敏的一颗宽容之心。

人生在世，要豁达大度，懂得宽容他人。宽容他人，更多时候也是在宽容自己。宽容，是美德，是坚强，是忘却，是潇洒，也是一种不计较的人生态度。宽容并非意味着软弱，而是以退为进，更加积极地防御和攻守。它是让我们于烦扰世界中获得更多快乐的秘诀，也是控制即将失控的情绪的良策。

英国著名思想家波普尔在其著作《开发社会及其敌人》中分别阐述了民主、自由以及宽容三种悖论。其中，宽容的悖论是指“无限的宽容必定导致不宽容”。这句话的具体意思是说，宽容者的心态，是一种理性、平和、包容的心态。但是，不宽容者的攻击以及无限制的宽容，会葬送宽容本身。

有这样一个故事，儿子在小时候就有偷拿别人东西的坏习惯，但母亲知道后非但没有严厉地责罚儿子，反而宽容儿子的行为。此后，儿子的偷盗行为愈演愈烈，终于有一天他被抓进了监牢里。母亲倾家荡产为儿子求情，却遭到儿子的怒骂：“如果当初你不宽容我的第一次偷盗，也许我就不会成为今天这个样子！”

透过“宽容的悖论”，我们应当看到，尽管宽容能够帮助大家更好地处理人与人之间的关系，帮助我们树立博大宽阔的胸襟，但宽容并非毫无底线、不分善恶。宽容更多的是一种兼容并蓄的态度，以及面对不同观点、意见时所表现出的容忍和接纳。只有真正懂得宽容的内在含义，才能帮助我们更好地宽容他人，提升自我，调节情绪。

5 自我欣赏不可少

尽管心理学家认为，人类天性中最根深蒂固的本性是被人欣赏，但事实上，我们在生活中要想获得他人的欣赏，首先要学会自我欣赏。我们只有懂得欣赏自己，才能在为人处世中树立更强大的自信心，才能更加出色地发挥自己的才能和潜力，赢得他人的尊重和欣赏。

从古至今，没有任何人的人生是一帆风顺的。那些将自己陷于自卑、自恋、自怨自艾的负面情绪低谷深处的人，很少发现自己身上所蕴藏的宝藏。而那些跨越艰难险阻重获新生的人，无论遭遇任何挫折和打击，都能够很好地欣赏当下生活中的一切，进而为自己树立强大的自信心，越挫越勇。

美国通用电气公司前首席执行官杰克·韦尔奇，小时候患有非常严重的口吃。每次外出与人交谈或上课回答问题时，都会遭到他人的耻笑；他虽然酷爱各类体育运动，但常常因为个子矮小而遭到运动队的拒绝。这些事情让小小年纪的韦尔奇感到非常沮丧和伤心。他不知道自己到底还能够做好什么。他开始拒绝在公开场合讲话，宁愿一个人在球场上打球也不愿意和其他小伙伴一起玩耍。

韦尔奇的母亲察觉到他的变化后，并没有像其他母亲一样斥责他，而是温柔地鼓励他：“口吃是因为你拥有大智慧；个子高低是你无法改变的事实，但你应当看到自己出色的团队领导才能。如果你想参加篮球队或其他体育运动，只管报名参加就好。”

在母亲的不断鼓励下，韦尔奇不再像以前那样只关注自己口吃和个子矮小的缺点，而是尝试着在生活和学习中发现自己的优点和长处，比如，善良、富有同理心，头脑聪明以及出色的领导才能等。一段时间过后，尽管韦尔奇仍然口吃、个子也没有长高，但他渐渐变得积极活泼，也开始融入团体，参与各项社交活动。

自我暗示具有非常强大而神奇的力量。你认为自己是什么样的人，你最终就会成为什么样的人。如果个体时常给自己消极的心理暗示，让自己的情绪总是处于负面、消极的状态之下，那么就会很容易丧失自信心，遇到事情时变得畏首畏尾，如此下去将会一事无成。

如果一个人懂得自我欣赏，既不忽略自身存在的缺点，又善于发现自己的优点，必然能够在充分发扬自身优点的同时收获满足感与成就感，激发个体自信心，获得他人的欣赏与尊重。正如上述案例中，因为懂得欣赏自己，韦尔奇摆脱了口吃和个子矮小所带来的自卑感，在生活和学习中变得自信、主动、勇敢，最终一步步成为通用电气公司的首席执行官。

欣赏自己，可以从寻找和肯定自己的优点来树立自信心开始。

亨利自幼在收容院长大，他身材矮小，长相平凡，说话时又带有非常浓重的乡下口音，这些都让他感到非常自卑，即使是最普通、简单的工作他也不敢去应聘，他甚至还想过自杀。

这天，从小和他在收容院一起长大的约翰跑来对他说：“亨利，我前两天听广播说，拿破仑有一个孙子自幼不幸丢失。根据新闻报道中的描述，我认为那个人就是你。”亨利刚开始怀疑约翰是为了安慰自己才故意编造的谎言，但当约翰找到那则消息的纸质报道时，亨利一下子变得自信起来。

他突然觉得自己矮小的身材中似乎蕴藏着极大的能量，就连平日里感觉甚为土气的乡下口音也变得高贵而充满威严。后来虽然证实亨利不是拿破仑的孙子，但在自信心的支撑下，亨利逐渐发现自己的优点：性格踏实稳重，与人交谈时虽然有口音但语气充满热情，给人以愉悦之感。

此后，他从一家店铺的学徒工做起，然后开了一家属于自己的小店并逐步扩大规模，最终创立了国内大型的连锁企业。后来，取得成功的亨利在与人们分享自己的创业经验时讲道："抛弃自卑情绪，学会接纳自己和自我欣赏，我认为这是迈向成功的第一步。"

由此可见，学会欣赏自己，可以发现自己原来如此优秀，世界原来如此美好，而幸福与成功从来都不是遥不可及的。正如卡耐基曾说："发现你自己，你就是你。记住，地球上没有和你一样的人。在这个世界上，你是一种独特的存在……不论好坏与否，你只能耕耘自己的小园地；不论好坏与否，你只能在生命的乐章中奏出自己的发音符。"

需要注意的是，欣赏自己并非是一味地孤芳自赏，也不是狂妄不羁，而是懂得悦纳自我与爱惜自己。

6 穿透思维的墙

十字街口，不管晴天还是雨天，都会有一个老婆婆坐在那里唉声叹气。一天，一名心理学教授偶然间途经此地，他听到周围人议论道：“真不知道老婆婆到底遭遇了什么悲惨的事情，每次看到她都是愁眉苦脸，有几次还看到她抹眼泪呢。”

心理学教授等人们走远后，走到老婆婆身边坐下说：“您好，老婆婆，不知您为何如此忧愁？我有什么能够帮助您的吗？”

老婆婆回答道：“我有两个女儿。大女儿经营一家店铺，专门卖雨伞。二女儿也经营了一家店铺，专门卖各式各样的遮阳草帽。”

心理学教授疑惑道：“两个女儿都这么有出息，您应该为她们感到高兴。”

老婆婆叹了一口气，接着说：“可是每当天气晴朗的时候，我就会忍不住担心大女儿雨伞店的生意；而每当下雨的时候，我又害怕二女儿遮阳草帽的生意不好做。”

心理学教授：“那么，您为何不换一种思维呢？”

老婆婆：“她们都是我的女儿，我只希望她们都过得好。难道你有什么办法能帮助她们增加销售量吗？”

心理学教授急忙摇头：“我没有办法改善她们的经营状况，但我能够帮助您变得更加快乐。”

老婆婆疑惑地问道：“你怎么帮我呢？”

心理学教授回答道：“很简单。只要您能换一种思维方式——下雨的时候只想大女儿卖伞的生意好，天气晴朗的时候只想二女儿的草帽生意好。”

此后，每当老婆婆忍不住像之前那样为两个女儿担忧时，就会想起心理学教授所说的“换个角度看问题”，也就不再忧愁伤心了。

虽然心理学教授并没有对老婆婆的女儿们有任何实质性的帮助，但老婆婆却从以前的忧虑不已转变为现在的开心满足。这种截然不同的情绪变化正是由于老婆婆的思维方式发生了变化。

在日常生活中，无论遭遇什么事情，如果我们能够改变思维定式，学会从另一个角度看问题，不仅能够帮助我们对当前事物建立一个更加全面、多元的认识，同时也可以有效地调节负面情绪，进而让人变得更加积极、乐观。

司马光是北宋时期著名的政治家和史学家。他自幼喜欢读书，7岁时就已经像一个成年人那样稳重懂事。有一天，当他和小伙伴一起在家中后院玩耍时，一个小孩因贪玩爬到了院中的大水缸上玩，但缸沿有些湿滑，他不小心掉入了缸中。

其他小孩一看此等场景，都害怕得一哄而散，只留下缸中惊恐不已、大声呼叫的小孩和院中站立着的司马光。司马光瞧见院子里有之前修葺花园时留下的大石头，他急中生智，举起一块大石头狠狠地砸向水缸，水缸破了，缸中的水立刻涌了出来，差点溺水而亡的小孩也得以获救。

对其他小孩来讲，如果没有大人前来帮忙，他们根本没有办法将小孩从缸中顺利地拉出来。但司马光另辟蹊径，用院中的石头砸破水缸，成功救出了缸中的小孩。这除了要得益于他能够在危急时刻保持冷静的头脑，还在于他解决问题时敢于大胆尝试新方法，不拘泥于固有思维。

美国心理学家埃利斯曾提出：个体生来就有理性和非理性的特质，既有理性思考的潜能，也有非理性思考的倾向。在现实生活中，很多人往往将不良情绪的发生因素归结为环境或事件本身。但实际上，人类的情绪是伴随着思维而产生的，并深受个人信念的影响。情绪不仅表达人的心理活动和内心需要，同时也在某种程度上反映了个体对外界的态度。从这个角度来讲，个体情绪或心理上的困扰更多是由于不合理以及不合逻辑的思维造成的。

在此理论的基础上，埃利斯又提出名为“情绪困扰”的理论。他认为这个世界上任何事情都不是绝对的，烦恼、悲伤等不良情绪的发生常常与自己的信念以及看待问题的角度有关。因此，他建议个体应当努力地认清一些不合理的信念，并善于用新的合理信念去取代和改善，最终达到调整情绪和行为的目的。

曹颖刚刚应聘了一家销售公司，没想到在实习期间老总竟要求他们向寺庙里的和尚推销梳子。听到这个安排之后，同事们怨声载道。

曹颖也在微信上向朋友李静抱怨道：“你说董事长是不是故意刁难我们这批新人？”李静反问道：“你打算怎么做呢？”曹颖沮丧地回答道：“还没想好。大不了再重新找工作，我可不愿意在这样一个喜欢刁难下属的老板手下工作。”

李静急忙回复：“那你有没有想过，老板这样做并不是要看你们的最终业绩，而是想借此机会了解你们每个人在销售中的灵活应变能力以及创新思维呢？”

曹颖恍然大悟道：“听你分析完之后，我忽然干劲十足了。”

李静调侃道：“打破思维的墙，换一个角度看问题，你会更容易感受到快乐。”

有句话说得好：“纵声欢歌的人会把灾祸和不幸吓走。”很多时候，解决问题的方法不会从天而降，烦恼、忧愁等负面情绪也不会凭空出现或消失。只要我们能够换种思维方式看问题，必将收获意料之外的惊喜和成功。

7 平常心看待一切

寺庙中，一位正在修行的小和尚问高僧："师父，您平日里悟道修行、修身养性有什么秘诀吗？"高僧说："有。"小和尚疑惑道："您的秘诀是什么？"高僧说："饿了就吃，困了就睡，渴了就喝。"听到答案后，小和尚面露不悦道："师父，您不想回答也不用这样糊弄我。您修悟佛道的秘诀怎么可能是世人皆知的简单道理呢？"

高僧耐心解释道："表面看似乎这个秘诀和大家都知道的没有什么差别。但实际上，现在的人很难做到一心一用，面对发生的一切都太过急功近利。他们常常在睡觉时想其他的事情，导致失眠或频频做梦，最终影响睡眠。"

小和尚问："应当如何做呢？"高僧说："面对世间万事万物都保持一颗平常心。吃饭就是吃饭，睡觉就是睡觉。我吃饭时专心吃饭，什么也不想。睡觉时专心睡觉，从不失眠，也很少做梦，所以睡眠质量很好。"

在心理学中，平常心包含两层含义：其一，个体对自己做事的成败概率有较为精准的预测；其二，个体做事情时比较积极主动，同时强调尽力而为、顺其自然，不一味地苛求成功和完美。

保持平常心，也就是保持恬淡平和的心态。正如月有阴晴圆缺一样，生活中诸事的悲欢起落也是个体生命中不可避免的。只有保持一颗平常心，才能更好地享受每件小事所带来的快乐，从而从容地面对人生的荣辱成败，深刻地感受生命的真谛，收获圆满的生活。

方歌最近十分苦恼，所以当她听说城市中有一位远近闻名的智者时，便毫不犹豫地出发去寻找这位智者。

方歌与这位智者一起生活了三天，却没有发现他有何智慧，不由心生失望。这天晚上，方歌洗漱好准备早点睡觉时，远远看到智者朝着自己走来。她问道："不知道明天会是怎样的天气？我回家时千万不要下大雨才好。"智者说："不管怎样，明天都会是我喜欢的天气。"

方歌问："难道您提前查过天气预报吗？您能够告诉我明天会出太阳还是会下雨吗？"智者答："我没有查天气预报，也不知道明天到底是晴天还是雨天。"

方歌困惑不已："您什么都不知道，怎么能够这么肯定是自己喜欢的天气呢？"智者说："曾经我也有和你一样的困惑，但在某一天我突然发现，人是没有办法控制和改变天气的。无论你如何担心，天气都还是那个样子。自那以后，我很少再为明天的天气苦恼，而是做好充分的准备，平静地迎接生活所赐予的一切，不管是晴天还是雨天。"此刻，方歌真正领悟到智者言语中的智慧。她茅塞顿开，顿生感激和欣喜。

正如智者所言，生活中很多事情都像天气一样是人们无法预测也没有能力改变的。面对它们，我们的苦恼、痛苦和忧愁全都无济于事。但是我们可以改变自己的心态，保持平常心面对一切变化，烦恼自然烟消云散。

每个人的时间和精力有限，如果总是将有限的时间消耗在烦琐的小事上，必然会对个人发展和当前的生活产生负面影响和阻碍，严重者甚至会影响大局的成败。

具体而言，要想保持平常心，我们需要做到以下几点。

首先，正确看待自己。当我们认清自己的优缺点，充分了解自己，知道自己真正擅长什么时，就能给自己制定更合适的目标，从而更好地善待自我，在应对生活中各种突发状况时仍然能够保持平常心。

其次，正确看待得与失。生活中，无论功名利禄还是金银财富，都是身外之物，生不带来，死不带去。看清得与失，能让我们在面对世间万事万物时保持平常之心，不做出过度情绪反应，更好地感受生活中的一切美好。

最后，正确看待他人和社会。生活中总有一些人看到他人获得成功时，会假装不屑一顾，也会在嫉妒情绪的操控下说出一些伤害人的话。这些人不仅不能正确看待他人的成功，也无法正确评价社会上所发生的正面或者负面的事。这就需要我们能够学会正确看待他人和社会，既不过分苛求自己和他人，也不嫉妒和仇视他人，只有这样才能慢慢培养宽容、平和的心态，正视所发生的一切，不给自己增添无谓的烦恼。

保持平常心应对一切，可以让自己变得宽容、豁达，让情绪变得平衡、稳定，让人生更加从容、淡定、美好。

8 适时按下暂停键

心理学中，冲动多指“由外界刺激引起，爆发突然，缺乏理智而带有盲目性，对后果缺乏清醒认识的行为”。也就是说，当个体处于冲动的状态时，感情特别强烈，做事鲁莽而不顾后果。

冲动既可以表现在行为上，也可以表现在思想意识上。作为理性控制相当薄弱的一种心理现象，冲动情绪具有紧张性、暂时性、爆发性以及盲目性四个方面的特征。它主要表现为：爆发如疾风骤雨般迅速；心理上时刻处于极度紧张的状态；开不起玩笑，沉不住气；遇到不高兴和不满意的事情时往往会借助于骂人、砸东西以及打人等方式进行发泄和解决；心理防御方式除了发泄别无其他；不听他人劝告，甚至越劝越生气等。

蔡定军这天吃过早饭准备出门上班，妻子李小霞大声问：“你看见我昨天放在桌子上的400元钱了吗？”蔡定军疑惑道：“没有。”李小霞却不停地抱怨：“你没有拿的话，钱在桌子上放得好好的能去哪里呢？难道会凭空消失吗？”蔡定军说：“反正我没拿。你再仔细找找看。”李小霞更生气了，语气变得越来越重：“拿了就承认呗，我最讨厌你这种有胆做、没胆认的样子。”听闻妻子这样说话，蔡定军也很生气。于是，夫妻二人大吵了一架。一整天，蔡定军都因为妻子的冤枉而心情很糟。

下班后，他去爸妈家接5岁的女儿贝贝。贝贝的奶奶看到蔡定军后对他说："昨天晚上我给贝贝洗衣服时，看到她衣服的口袋里有400元钱，都被我洗湿了……"没等奶奶将话说完，蔡定军就一把拉过正在一旁玩耍的贝贝，大吼道："小小年纪学什么不好，居然学会偷钱！"

不明就里的贝贝看着愤怒的爸爸并不知道自己到底犯了什么错，她只是看着花花绿绿的钱好玩，顺手装在了口袋里，就让爸爸发了这么大火。她捂着发红的耳朵只是大声哭泣，直到半夜仍然不停地哭闹。

蔡定军被冲动情绪冲昏了头脑，他的怒吼给贝贝留下了阴影，他也一直自责不已。

心理学家认为，冲动情绪的产生通常由以下三方面因素组成：第一，个体受到外界强烈的刺激；第二，个体长期郁积在心中的负面情绪受到刺激时突然爆发；第三，个体性格较为偏执，容不得他人任何冒犯和反对的意见。

因此，对于生活中像蔡定军这样容易冲动的人而言，要想避免因为冲动而犯下错误就需要做到以下几点。

首先，正视冲动的情绪，承认冲动的存在。冲动是人类与生俱来的特性。远古时代，冲动甚至能够促使我们发现和创造更好的生活。但伴随着社会的进步，冲动更多地被看作一种负面情绪，也由此引发了很多的遗憾。面对冲动，我们不能盲目地压制，而是要正视并承认它的存在。只有率先意识到冲动的危害之处，才能更好地改正。

其次，也是最重要的一点，适时按下暂停键，给自己多一点时间，强迫自己冷静下来。化解冲动的有效方法之一就是克制。要想成功克制自己，需要在意识到自己的冲动情绪后利用深呼吸或数数等方式强迫自己冷静下来，迅速分析事情的前因后果或者直接远离冲动的环境和地点，将事情放置一段时间，待情绪恢复平静后再进行解决。

心理学家研究发现，人脑中最古老的边缘系统主管情绪，大脑皮层主管认知。当事情发生时，边缘系统会在第一时间产生诸如恐惧、愤怒等情绪反应，并在 6 秒钟之后由大脑皮层做出相应的认知处理。这就意味着，从个体感觉到情绪的产生以至行为的发生之间有 6 秒钟的“黄金时间”，如果能够善用这 6 秒钟进行冷静思考，个体将会在很大程度上控制住冲动的情绪，避免恶果的发生。

最后，除上述两种方法外，我们还可以在平时通过练字、绘画等方法培养耐心，提高自己的钝感力，也可以在显眼的地方贴上“制怒”的字条，利用外部提醒达到有效地克制冲动。

9 让自己忙碌起来

林炜念大一的时候参加了学校大学生文化传播中心的干事选拔并最终成功当选。每天他都与传播中心的同学一起值班或组织各类活动。那时候的他非常忙碌。

大二时，林炜因为出色的工作表现成功当上了文化传播中心的副部长。此后，他变得更加忙碌，每天不仅要负责监管文化传播中心所有活动的进展情况，还要指导和培训新部员。此外，他在组织参与活动时发现自己对舞美师的工作非常感兴趣，所以闲暇时他经常上网学习相关内容。

转眼间，林炜就到了大三。大三开学后，传播中心的同学因为竞选正部长的事情而一改往日亲密友好的氛围，关系渐渐变得疏离。这让林炜感到非常失望和寒心，他不理解为什么大家将职位看得比感情还重要。当林炜在竞选正部长失败后便毫不犹豫地提出了退部申请。

此后，因为不再参与传播中心的工作，大三的课程也少了很多，林炜一下子有了许多空闲时间。这时，林炜才发现自己前两年因为忙于传播中心的工作而忽视了与同班同学及室友之间的沟通交流，现在他们都已经有了较为固定的生活圈子，自己已经很难融入他们。

此外，由于前两年经常逃课使得他在专业课方面落后许多，现在想要学习却发现什么都不懂，最终索性什么也不看。在这种状态下，林炜发现自己每天都会烦躁不已，感觉生活非常没意思，对什么事情都提不起兴趣。他不知道自己要如何度过剩余的大学时光，也不知道自己将来要做什么。他渴望改变，却无从下手，只觉得前方一片茫然，毫无方向。

从这个故事中我们可以看到各种因素综合在一起最终导致林炜变得空虚茫然，对什么事情都没有兴趣，关于学习和未来也缺乏规划，偶尔还会出现烦躁的情绪。

在心理学中，空虚指的是一种百无聊赖、闲散寂寞的消极心态。心理学家认为，空虚心态通常在下面两种情况下产生。

第一，个体拥有极为宽松、卓越的物质条件，不需要像大多数人那样为了生活而奔波烦恼，他们习惯并满足于享受，看不到也不愿看到人生的真实意义，没有也不想拥有积极的生活目的。

第二，眼高手低，心比天高，理想大于行动的人。对这类人而言，他们不屑于常人所追求的目标，但自己想要实现的目标又因为难度太大而难以坚持。在这种心态之下，他们就会走向另一个极端，即无所追求，怨天尤人，徘徊、迷茫于虚无的精神世界中毫无建树。

如果，我们想要有效改善精神方面的空虚，最重要的是积极调适心态，培养自己的兴趣爱好或为自己制定一个切实可行的目标，让自己忙碌起来。只有尝试着让自己从细微处一点点行动起来，在实践中寻找和发现自己的人生价值，才能逐步从空虚的情绪中解脱出来，迎接新生活。

具体来说，我们需要做到下面几点：首先，目标的设定不可过高也不可过低，要符合自己的日常行为和价值取向。其次，将目标细分为一个个具体的小目标，通过降低目标难度、提高完成度来培养个体的成就感。再次，发现并培养读书、户外运动、看电影等兴趣爱好，为自己建立新的生活方向。最后，积极参加社会活动以及志愿者活动等，这样做不仅可以在帮助他人的过程中重塑自身价值，也可以拓展人际交往，享受更多的快乐。

10 学会原谅，找回快乐

黄萌是一个孤儿，她因为在福利院中表现出高超的绘画天赋而被国内一位著名绘画家收养，并被送至国外培养和训练专业的绘画技能。在黄萌 9 岁那年，收养她的绘画家因病不幸离世，为她留下了一笔能够支撑她读到高中的遗产。不久，她顺利地考上了美国一所著名的艺术院校并获得全额奖学金。此后，拥有天赋又肯努力的黄萌在绘画界慢慢被人们所熟知和欣赏。

但是，对黄萌而言，自幼在福利院生活以及一个人在国外孤独长大的这段人生经历使得她并不擅长和人接触和交往。她害怕自己再次经历被抛弃的痛苦，也害怕自己心中隐藏的对父母的仇恨会由此延伸到与自己亲近的人身上，所以她总是独自一人，像一个不食人间烟火的绘画仙子。

突然有一天，国内福利院院长打电话对黄萌说："你的亲生母亲通过各种关系刚刚找到我们这里，她希望能够见你一面。"但黄萌坚决表示："我从小就是孤儿，我没有母亲，也不想见她。"院长劝说道："交谈中我得知，你的母亲当年抛弃你也实属无奈之举。更何况，这么多年以来，她从来没有放弃过寻找你。"

但不管院长如何劝解，黄萌都毅然决然地表示："既然当初将我抛弃，现在又何必再来找我。我只知道，我从小就是一个孤儿。作为一个母亲，该有多狠心才能将自己的女儿抛弃？我永远都不会原谅她。"

但实际上，在黄萌心里其实非常渴望见到母亲，并像别人一样享受母女间的温情和快乐。只是，太久的孤独和恨意，让她没有办法说服自己学会原谅。

心理学家曾围绕“原谅一个人是否真的可以让你忘记那些曾经令你痛心的过去”进行探讨和研究。心理学家首先给被试每人发放了一份包含一系列场景的材料，要求他们根据这些场景充分发挥自己的想象力来设想曾经某个人做了伤害自己的事情，并回答自己是否能够原谅他们的过错。

根据被试的描述和回答，心理学家列举出了 12 种通常能够被原谅的过错以及 12 种无法被原谅的伤害。随后，心理学家又让被试阅读 24 篇相关场景的描述（这些描述分别对应 12 种能够被原谅的以及 12 种无法释怀的场景），然后根据心理学家的场景提示词回应与其相对应的场景，并对做错事的人以及事情进行描述和区分。

经过一系列复杂、严谨的实验后，心理学家得出这样的结论：原谅在某种程度上确实可以帮助人们忘记过往不愉快的经历，重新开始崭新的生活。也就是说，当人面对过往的心理伤痛，如果愿意选择原谅的话，会忘却那些曾经令人不快的细节。

如果我们像故事中的黄萌一样始终选择不原谅，那么在未来的日子里每想起一次曾经发生的事情，那些受伤害的细节就会在脑海中被更深地强化一次，也更容易受到负面情绪的影响。我们在生活中要学会原谅自己和他人，这样才可以重寻快乐轻松的自我。

学会原谅自己和他人，是一种豁达和释怀，有益于身心健康。需要注意的是，原谅不应该仅仅表现在嘴巴上，更应该付出实际行动，用行动来改变心态，收获快乐。

第七章 07

接纳自我，为情绪洗洗澡

1 承认自己现有的情绪

崔驰是一名心理咨询师。他每天的工作就是帮助前来咨询的来访者调节情绪，重塑心灵健康。作为家人和来访者心中无所不能、无所不知的强大依靠，崔驰也总是不负所望地表现出一副强大、冷静的样子。

最近，崔驰相处7年的女朋友突然提出分手，原因是她发现自己爱上了崔驰的朋友李斌。崔驰从来没有想到这种只有在电视剧和就诊患者身上发生的狗血事情居然有一天会被自己撞上。他二话没说，当即同意了女友的要求并转身而去。当天晚上，他一直告诉自己："我是一名心理咨询师，见过那么多比这更让人感觉糟糕的事情，没有什么好震惊的。我才不要伤心难过呢。"

随后，崔驰仍然坚持每天正常上班，并微笑着耐心聆听和开导来访者，仿佛什么事情都没有发生。在每月一次的心理督导中，崔驰对导师刻意隐藏了自己内心的悲伤和愤怒情绪。两个月过去了，崔驰真的以为自己已经对女友和好友的背叛心无芥蒂，可以很平常地面对以后的生活了。但这天上午他正准备接诊时，突然在朋友圈中看到好友贴出两人的甜蜜照片，心中顿时五味杂陈。强忍着这种复杂的情绪，崔驰微笑着开始聆听来访者的烦恼。没想到，今天让这位来访者感到困扰的问题恰好是——我的男朋友和最好的闺密竟背着我在一起，我感到非常伤心、愤怒，这种背叛似乎让我很难再相信任何人，我该怎么办？

在几番劝说都没有什么效果时，面对来访者的哭哭啼啼、喋喋不休，崔驰突然丧失了耐心，他站起来冲着来访者大声喊道：“你在我这里哭有个屁用？你能怎么办？我怎么知道你能怎么办。真是太没用了，居然连自己的男朋友和闺密都看不好。”随后，崔驰受到了来访者的投诉，并被医院处以三个月不得出诊的惩罚。

对崔驰来讲，虽然他是一名心理咨询师，平日里以开导和疏解他人的情绪为主要工作，但恰恰是因为拥有心理咨询师这个看似内心强大、百毒不侵的身份，使得崔驰很难接受自己也会有化解不了的负面情绪、也会有心理问题。他将这种分手和背叛的痛苦长期强制性地压抑在自己心中，并在看到恩爱照和听到患者相同经历的双重刺激下最终爆发。在整个过程中，崔驰忽略了一点：他虽然是一名心理咨询师，但也和大家一样都是正常人。作为一个正常人，生活中必定会经历快乐、喜悦、悲伤和痛苦等情绪体验。

在中国人的习惯认知中，拥有悲伤、愤怒、自卑等负面情绪并不是一件很光彩的事情。女人们时常被教育要优雅含蓄、温柔自信；男人们则被要求有泪不轻弹，要勇敢坚强。长此以往，人们似乎变得不能正视自己的负面情绪，尤其是一些成功人士以及自尊心较重的人。每当出现负面情绪时，他们总会坚决否认这种负面情绪的存在，并将其压抑在内心深处，还会假装任何事情都没发生，更加卖力地表现出积极乐观的一面，以抵消负面情绪对自身造成的影响。

在长期对抗负面情绪的过程中，不断消耗的能量会使个体的精神状态不堪重负，最终就会出现像上述案例中崔驰那样不仅没能成功抗衡负面情绪，反而令郁积在心中的负面情绪越来越强大，经由某个事件触发之后，瞬间如奔腾的洪水一般倾泻而出，让事情变得更加糟糕。

面对负面情绪的出现，自欺欺人显然不是明智之举，最好的对策就是接纳、承认、面对。诺贝尔文学奖得主赫尔曼·黑塞曾说："痛苦让你觉得苦恼，只是因为你惧怕它、责怪它。痛苦会紧追你不舍，是因为你想逃离它。所以，你不可逃避，不可责怪，也不可惧怕。你自己知道，在内心深处完全知道——世界上只有一个魔术、一种力量和一个幸福，它就叫爱。因此，去爱痛苦吧。不要忤逆痛苦，不要逃避痛苦，去品尝痛苦深处的甜美吧。"

情绪无好坏之分，只有不被承认和尊重的情绪，只有缺乏了解和发泄方式不当的情绪。作为一种结合了认知、感受、感应、表达等多方面因素的心理现象，情绪的产生是为了帮助人们更好地适应生活与环境。所以，从这个角度来讲，每种情绪都有它自身存在的功能和价值，而适度利用消极情绪也会帮助人们重塑更加美好的健康心灵。

美国哈佛大学一项研究表明：适度生气有助于排解压力，让人更具理性，甚至可以在逆境中为人们提供能量，帮助人们做出反应并采取行动，克服那些本不可逾越的障碍和困难。此外，生活中懂得适度表达愤怒等负面情绪的男性较之压抑负面情绪的男性，其发生致命性心脏病的概率大约减少50%，中风的概率也明显降低。

所以，任何一个心理健康的人都不应该否定自己任何一种情绪的存在，尤其是那些负面情绪。学会承认自己身上的情绪，把它看作正常存在。香港著名歌手陈奕迅曾坦然承认自己患有情绪病，是个"爱哭鬼"，常常会在看电影和新闻时流泪，也会借用倾诉等方式疏解自己的郁闷情绪。连公众人物都不惧怕这种坦诚，不以为耻，你又在担心什么？

承认你的悲伤吧，它并不是软弱；承认你的愤怒吧，它不一定都是冲动；承认你的恐惧吧，它曾一次次地保护了你的安全；承认你的空虚吧，它给了你一个重新规划人生的机会。只有这样，我们才不会成为情绪的奴隶，才不会让情绪左右自己的思想和行为，而是反过来善用情绪为自身谋求更好的进步和发展。

2 控制情绪从自我开始

黄西脾气素来暴躁，常常被人评价像炮仗一样，一点就着。最近，他所属的校学生会要举行竞选主席活动。作为主席一职的有力竞争者之一，黄西虽然平时在学生会内部成员间人气很高，但如果参与全校公开竞选演讲，接受全校学生的检验，他仍然有些担心。如果在竞选现场自己因为某些刁钻的提问一时控制不住坏脾气，很有可能会就此功亏一篑。

为了彻底打消心中的顾虑，黄西特意找到上一届学生会主席姚杉，希望能够向他请教一些竞选拉票的经验以及如何更好地控制自己情绪的窍门。姚杉认真听完黄西的请求后，对他说："控制情绪这件事，其实外人起到的作用微乎甚微，最重要的还是要靠你自己。"黄西说："您说得很有道理。我平时常常也会告诉自己要控制情绪，但每次事到临头还是会忍不住地愤怒、发火。"

姚杉提出："从现在开始，不管我说什么话，不管你多么愤怒，都要忍耐。你每打断我一次，就需要支付100元现金给我。"黄西心中虽然有些疑惑，但还是爽快地回答道："好，没问题。接下来的时间里，不管你说什么，我保证不会生气，也绝不打断你的话。"

姚杉继续说道："你能有这个决心我很高兴。不要愤怒，这也正是我要传达给你的第一条经验。但是说实话，我私下里其实很不希望你这样一个头脑简单、四肢发达的人竞选成功……"他话音未落，黄西已经满脸怒气地站起来："我虚心前来请教，你怎么能这样说我！"姚杉淡定地说："请给我 100 元现金。"

黄西这才发现是对方使出的激将法："我错了。所以这只是一个小小的教训对吗？"姚杉面带轻蔑地说："没错，这只是我对你的一个教训，同时也是我的真实看法。"这次，黄西没有站起来，但仍然面带不悦："你怎么能如此再三侮辱我？"姚杉摊手道："200 元。"

黄西终于没能忍住，大声喊道："你在耍老子玩呢？你这 200 元未免也赚得太容易了吧。"姚杉说道："你说的没错。那么现在请你先给我 200 元现金，然后我们再继续往下谈。毕竟我想你也不希望在此次竞选中传出类似'黄西不讲信用，喜欢赖账'的传闻吧。"

如此反复几次，姚杉几乎每说一句话都能轻易地激怒黄西。为此，黄西付出了相当高昂的金钱代价。

直到最后，姚杉才语重心长地对黄西说："你一定要记住，不管是在竞选、学习、生活，还是在未来的工作中，你每因为他人的话语而愤怒一次，就很有可能会因此失去一张选票、一位朋友，甚至一个健康的身体、一个美好的人生。这些东西的价值要远远超过今天你给我的这些钱。"

人生在世，不如意之事十有八九。心理学家发现普通人的一生中，平均有十分之三的时间都处于情绪不佳的状态。这就意味着在日常生活中人们常常会遇到不顺心的事情、遇到困难挫折、遇到重大的人生变故，经常需要同那些消极负面的情绪做斗争。

但这并不能成为我们像黄西一样肆意发泄自己愤怒情绪的理由。正如心理学家不提倡人们逃避和压抑自身情绪，他们旨在提醒人们要学会调节和控制自己的情绪。一个真正情绪稳定、心智成熟的人，必定懂得克制和调控自己的情绪与行为，不会因为某句话、某件事就轻易生气发怒，也不会因为一点小欢喜就丝毫不顾及他人感受。

“当自求解脱，切勿求助他人。”我们应通过自身努力去一步步达到控制情绪的目的，最终成为一个情绪稳定、心智成熟的人。下述内容是我们需要注意和学习的。

首先，不迁怒他人，也不将改变的希望寄托于他人身上，从自己做起。

纪佳平日里是个沉稳、少语的人，但只要遇到高兴的事情她就会立刻兴奋起来，变得口无遮拦。虽然她的话语本身并没有什么恶意，但也因此得罪了不少人。

纪佳虽然知道自己存在这样的问题，但她并没有改变的计划，还总是对好朋友李玲说：“我就是这样的人，兴奋起来就什么都顾不上了。不如这样，下次如果我再出现胡言乱语的情况，你就在旁边提醒我少说话或者干脆走上前将我拉走。”

李玲反问道：“你又怎么能保证每次出现这种情况时我都在场？就算我在场，我又怎么在众目睽睽之下将你拉走？如果你自己不尝试改变，我做得再多都是徒劳。”

情绪是自己的，没有人比我们更了解它，也没有人比我们更有对它的控制权。如果把控制情绪的重任交给局外人，无异于请不相熟的邻居来调解你们夫妻二人的感情问题，既会给别人带来麻烦和困扰，又可能会带来剪不断理还乱的帮倒忙结果。我们从小就被教育自己的事情自己做，在情绪管理这件事上也千万不要犯懒。

其次，巧用“数颜色法”。这一方法是由美国心理学家菲尔德提出的。他认为当人们感到极度兴奋或者极度愤怒时，可以强制自己暂停下来将注意力集中在周围的事物上，然后心中默念：“一面白色的墙，一张绿色的桌子，一把黄色的椅子……”一共数 12 种不同物品的颜色，整个过程大约持续 30 秒。

这个方法是通过描述物品的颜色来强迫个体将注意力转移到内心感觉上，恢复个体灵敏的视觉功能和理性思考功能，使个体在短暂时间内恢复理性，重新思考自己所面临的情绪体验，有效地避免了过激反应和行为。

再次，时常自我对话，体察内心情绪。这需要我们安静下来用心去感受自己的情绪，回忆、分析自己当时之所以会感觉兴奋、难过的原因，并依据这些原因去一一对应自己当时的反应，明确自己的反应究竟属于正常范围还是过激，如属过激，又具备哪些过激行为。只有学会这样抽丝剥茧地体察内心情绪，才能更好地达到自我控制情绪的目的。

最后，保证充足的睡眠。心理学家发现人们在充足睡眠后心情最舒畅，看待事物也更乐观。反之，对睡眠不足者而言，那些令人烦心的事常能左右他们的情绪，甚至把好心情变成坏心情。

除上述方法之外，合理的饮食以及适度的运动等也是调适情绪时必不可少的辅助手段。

3 从对自己微笑开始

李军经营着一家炸串店，刚开业时因为他使用的独特配方，店铺生意非常好。但两个月后，在距离李军店铺大约300米处也开了一家炸串店。自此，李军店里的生意就一天不如一天，这让李军感到非常忧虑和困惑。

这天，既是老街坊又是老顾客的杜林前来店里购买炸串时，李军忍不住向他说出了自己的困惑。杜林听完之后，严肃地说道："你是想听安慰的话，还是真话？"李军说："当然是真话。"杜林有些担忧地说："那我说了之后，你可不许生气？"李军急切地说："你这人真是磨磨叽叽。好！我保证不生气。"

杜林这才正色说道："其实那家店我也去过，但始终感觉味道没有你家做得好。"李军疑惑道："既然如此，为什么人们还愿意去他们家购买而不来我这里呢？"

杜林说："你仔细回想一下，每当有顾客上门时，你都是怎样的表情？"李军困惑不已："表情？我一直在忙着炸串，好像没有什么表情。"

杜林："问题就在这里。每次来店里，你都是皱着眉头、满脸严肃的样子，整个过程下来常常给人一种莫名的紧张和不安。而隔壁那家店，总是在顾客还未进门时，就微笑着迎接，给人一种如沐春风、宾至如归的美好感觉。换作是你，你更愿意去哪家店？"

李军辩解道："别人不知道，难道你还不知道吗？我们家三个孩子，每天光是生活费都让我发愁得不行，我怎么还能笑得出来？"

杜林劝慰道："你再发愁也不能赚来更多的钱。至于顾客，他们不可能都像我一样清楚你皱眉头的原因，他们只是前来消费的，并不需要同你一起承担你的家庭重担。"

李军心领神会道："过去是我心态没有调整好。你说得对，忧虑并不能解决任何问题。今后我要学会对自己微笑，对顾客微笑，用实际行动来改变当前的情绪状态和经济状况。"

李军说到做到，他每天早上出门前都会对着镜子练习微笑，从刚开始的不适应到后来慢慢成为习惯，虽然经济状况仍然没有明显改善，但李军却感到自己比以前更加乐观、开朗，面对顾客也越来越能够发自内心地微笑迎接。将微笑服务坚持下来后，他的生意又逐步恢复了最初的火爆。

一位哲学家曾说："在这个世界上，除了阳光、空气、水和笑容，我们还需要什么呢？"作为一种无声的全世界通用语言，微笑是通过脸颊上颧肌的主要肌肉群收缩以牵动嘴角来完成的。微笑具有多种形式，如抿嘴微笑、含蓄浅笑等。人们微笑的原因也不尽相同，有的微笑是为了缓解尴尬，有的微笑是为了表达亲切的问候，有的微笑是为了彰显自己的优越，而有的微笑则来自内心深处的欢欣和喜悦。

微笑确实可以为他人和自己清扫心中的阴霾，减轻压力，重新发现世界的美好，很好地协调和增进人与人之间的关系。心理学家表示："面带微笑的应试者，心率下降得更快，压力也减轻得更快。"

经常微笑还可以增强身体免疫力，有效地延长寿命。美国斯坦福大学的研究员经过实验发现，微笑能够增加人体血液和唾液中的抗体及免疫细胞的数目，还能刺激副交感神经产生兴奋，降低肾上腺素水平，有效缓解疲劳。

在日常生活中，我们可以借助以下方法有效调节不良情绪，让自己的生活中多一点微笑，多一丝明媚和开朗。

首先，每天找一个固定的时间（出门前或睡觉前），对着镜子露出微笑（也可以借助于咬筷子等方法），然后告诉自己：“我今天心情很好，我微笑的样子很漂亮迷人。”通过对自我潜意识不断输送积极信号，达到有效调节情绪和心态的目的。

其次，多接触爱笑的人和环境。相关研究表明，个体听到笑声后，大脑中负责微笑的区域会自动做出反应，不自觉地展现出发自内心的微笑。这也正是“微笑会传染”的奥妙所在。因此，我们可以多接触爱笑的人和环境，借助他人和环境的感染来培养自身幽默感和积极乐观的人生态度。

最后，笑不出来也要强迫自己假笑，通过外在的表情变化来带动内心情绪的改变。美国《每日公报》健康专栏作家劳瑞林·芮克尔认为：“假笑和被迫笑同样会带来与真正微笑类似的积极效应，有益身心健康。”

4 定期进行情绪大扫除

王强是一名医生，虽然对医生而言，生死离别是他们每天都要面对的事情，但这天当王强在手术台上亲眼看着几年前接诊的患者逝去时，他还是感到悲痛不已。他脑海中一直在回想着从最初接诊这名患者到陪同他一起熬过每一个凶险时刻的点点滴滴，忍不住泪流满面。

此后，王强仍然坚持每天正常上下班，偶尔也会和同事聊天、开玩笑，但同事还是发现他的情绪非常低落，总是一个人坐在办公桌前发呆。这种情况一直持续了将近两个月。

这天，性格爽朗、爱玩爱笑的同事梁玲终于受不了王强这副低落的模样，她走上前说："等会儿下班后，咱们一起去吃饭吧？"王强答道："不好意思，最近我想一个人静静。你们去吃就好。"

梁玲劝慰道："还因为那个病人的去世自责难受呢？可像你这样一个人待着不仅解决不了任何问题，还会将你自己推入更深的无助和绝望中。"王强叹了口气说："不只是因为那位患者，他的离开总是让我想起当医生以来见到的那些生离死别的场景，不由得感触人生世事无常。"

梁玲继续说道："大家都是医生，你的感受我们也都有。但知道为什么你会沉浸在这件事情中如此之久吗？"王强问道："为什么？"梁玲答道："你处理这些情绪的方法就是独自一个人安静地待着，偶尔这样也许能够帮助人恢复冷静和理性，但长期采用这种方法本质上是一种逃避、压抑和做无用功。”

王强问道：“那我应该怎么做？”梁玲微笑地看着王强说：“很简单。我们居住的房间每隔一段时间就需要一次彻底的大扫除，对待情绪，尤其是负面情绪也要如此。不积攒，不压抑，争取每隔一段时间都能通过合理的渠道将其彻底地释放。”

王强困惑道：“情绪大扫除？”梁玲解释道：“没错。就像上次看到那位患者离世，你其实可以通过聊天、交流、倾诉，甚至是喝酒、玩闹等方式将心中的悲痛释放出来，而不是一个人静静地独处。如果你任由这种情绪一直侵占着内心，而没有采取任何措施，长此以往，我很担心你有一天会不堪重负而崩溃。为了你的身心健康，今晚不如和我们一起去吃饭，给你的情绪进行一次大扫除吧。”

心理学家曾经用水库的概念来比喻人类情绪的处理过程，即每个人的身体里仿佛都有一座情绪水库，当负面情绪出现时就会存放在情绪水库之中，如果情绪水位累积到所谓的警戒线，个体就会开始出现脾气暴躁、无法适当控制情绪的情形，导致容易大发脾气。如果持续恶化下去，情绪水库崩溃的结果就是出现心理方面的问题。

心理学家认为，负面情绪的长期压抑和积累会给人们的身心健康带来难以估量的不良影响，甚至会造成极为严重的后果。比如，一个人若是因为自卑等因素认为自己不能表现出愤怒等情绪，每当感到愤怒时就将其压抑在心中自行消化，长此以往，这种积压的愤怒就会转化为抑郁情绪，使个体感到痛苦和绝望。

负面情绪就像是一把潜藏在人们心中的隐形匕首，如果不及时将其拔出，进行治疗，每当有类似事件发生就会触动这把匕首，进而对个体的身心造成多次伤害。只有经常给自己的情绪做大扫除，才能更好地保持心灵的整洁与宁静。

刘君最近因为单位年终考核的事情，每天回家整理好一切家务后总是累倒在床，什么话都不想说。她发现往日温馨的家中也弥漫着一股“低气压”：老公王军总是表现出一副心事重重的样子，女儿王玲小小年纪也总是无精打采，对什么都没有兴趣。

为了改变家中沉闷的氛围，这天晚上，刘君将父女二人叫到客厅中说：“新的一年马上就要来到了，最近咱们三个人似乎都有心事，不如我们一起来一次情绪大扫除，和过去的烦恼说再见，高高兴兴地迎接新年。”父女二人当即点头表示响应。

刘君拿出提前准备好的三张颜色不同的纸说：“现在我们每个人一边将心中的烦恼说出来，一边写在纸上。”王军率先拿起红色的纸说：“临近年底，公司新建的一个培训基地为了迎接寒假辅导班高峰期，已经提前投入使用，这导致了很多冲突和矛盾，再加上招生人数方面也远远没有达到预期目标，如此种种都让我感到焦虑。”

女儿王玲也拿起一张蓝色的纸说：“我希望你们两个能保证不管听到什么都不生气。”直到刘君和王军都面带疑惑地点头答应后，她才小声说：“期末考试时，我的数学只考了 80 多分。这让我感到非常伤心、后悔和愧疚，如果当时做题时能再认真一点就好了。”

刘君拿起剩下的绿色纸说：“我最近面临单位年终考核，心理压力很大。下班后还要处理生活中的各种事情，这些事情累积在一起，让我感到非常疲惫和烦躁。”

然后，刘君提议三个人慢慢地将手中的纸撕掉，并想象那些烦恼也随之消失不见。紧接着，刘君打开家中的音响，一家人一边聆听舒缓的轻音乐，一边用热水泡着脚，他们都感到心中所有的烦恼已经随着升腾而起的热气蒸发掉了，身心格外轻松、通畅，三口之家也恢复了之前的温馨快乐。

我们在日常生活中要学会运用适当、合理的方式去接受、表达和释放自己的情绪，这对心理健康的维护是意义非凡的。与此同时，清扫负面情绪的过程也是一个重新思考的过程，它帮助我们学会重新看待、思考自己的生活。

5 尊重自己的情绪规律

万芳身为某知名企业高管，每天回到家中总是身心俱疲，对什么事情都提不起精神。但每个周六的早上，她会感到身心愉悦，对身边一切事物都满怀激情。于是，她决定利用每周六早晨起床后的时间对家中进行彻底的整理和清洁。这样一来，工作日下班后她再也不需要因为烦琐的家庭卫生清洁等事情而感到苦闷了。

2011年，美国康奈尔大学社会学家曾针对全球84个国家240万推特（Twitter）用户发布509万条消息，进行了一项关于世界不同地区人们情绪变化共有的周期性特点的调查。

调查研究结果显示：人们情绪高涨的两个巅峰分别是在每天的清晨和傍晚，工作时间里则大量充斥着如恐慌、烦躁等负面情绪。此外，睡眠质量的好坏、日光照射量的多少等因素也都与情绪有着密切的关联。

尽管有人认为研究者利用的采样人群不具备广泛的代表性，但不可否认，这一调查研究从某种程度上反映了人们日常生活中的情绪变化是有迹可循的。

加州大学心理学教授也通过一系列实验研究认为“人的情绪是有周期的”，并依据这一特点将自己的写作时间安排在精力旺盛的早上，与人会面交谈和处理日常杂事安排在了精力不够集中的下午。

付梦之前在国企上班，虽然日子清闲，但每天不管开心还是难过，只要时间一到就必须坐在办公桌前。她发现自己每天上午头脑清醒、心情愉快；吃过午饭后整个人就会感到心情低落，昏昏沉沉什么都不想做，没有一点工作效率可言，甚至经常需要加班到很晚才能完成简单的工作。付梦决心寻找一份工作时间不是那么死板、相对宽松和自由的工作，于是果断辞职。

后来，付梦成功应聘上某微信公众号编辑后，每天的主要任务就是查看各大知名微信公众号前一天推送的文章，寻找并筛选今天自己所要推送的内容及插图，然后进行编辑排版，最终将通过审核的成品文章推送出去。

与之前国企朝九晚五、周末双休、偶尔加班的规律生活相比，当前这份工作虽然只是单休，但并没有严格的上下班时间要求，只需要完成当天的推送内容即可。如果付梦愿意，她甚至可以下午上班，凌晨进行文章推送。

于是，付梦因为早上情绪状态较好，所以每天晚上 9 点睡觉，在清晨 5 点大家还在沉睡时，她已经起床开始进行第一项工作，直到中午写好当天的稿子，然后下午用来休息或者做自己喜欢的事情。傍晚时，再次开始着手进行稿子最后的编辑排版工作。

如此一来，她在自己情绪最好的时候完成了一天中的大部分工作，而且稿子的质量也明显有所提升，得到受众的广泛喜爱和传阅。此外，她巧妙地避开了下午的情绪低谷期，借此机会培养自己的兴趣爱好以及处理生活中的其他杂事。

上述案例中，付梦正是由于清楚心理学中的情绪周期并尊重自己的情绪变化规律，才能够更好地处理新工作以及在工作生活间轻松转换。如果我们能够像付梦一样找到并尊重自己的情绪变化规律，不仅能够对症下药、防患于未然，而且可以有效利用情绪高潮点提升工作效率，从而更合理地安排学习和生活，有效减缓甚至完全避免情绪低潮期所带来的负面影响。

6 学会转移注意力

生活中我们常常能听到“感觉悲伤时可以尝试转移注意力”“怒不可遏时请转移注意力”等话语，转移注意力似乎成为调控他人和自身情绪的万金油。但究竟什么是注意力转移法？又应当如何转移注意力呢？

在心理学中，注意是指个体心理活动对外界一定事物的指向和集中，它是伴随着“感觉知觉、记忆、思维、想象等心理过程的一种共同的心理特征”。当个体在注意某个人或某件事时，也就意味着他在感知、记忆和思考着什么。个体无法同时感知多个对象，只能感知环境中的少数对象。注意包括被动注意和主动注意两种，始终贯穿个体全部心理过程。

注意力，即具有注意的能力。法国生物学家乔治·居维叶强调道：“天才，首先是注意力。”对此，俄罗斯教育家乌申斯基给出了解释：“注意是我们心灵的唯一门户，意识中的一切必然都要经过它才能进来。”可见，注意力的功能就是帮助个体有选择性地接受某些信息和筛选掉其他信息，进而使得个体集中所有心理能量朝向某一事物，有效提高学习和工作效率，达到事半功倍的效果。

转移，在汉语释义中意为“将某物移动到某地”。在心理学中，转移则是指个体“对某个对象的情感、欲望或态度，因某种原因无法向其对象直接表现，而把它转移到一个比较安全、能为大家所接受的对象身上，以减轻自己心理上的焦虑”。

因此，注意力转移法就是指个体有意识地借助一定方法将自身注意力从产生消极情绪的活动或事物上转移到能帮助个体产生积极情绪的活动或事物上来。注意力转移法能够帮助人们有效抑制和调节自身情绪，使个体情绪更加稳定。

注意力转移法的生理机制是大脑皮层优势兴奋中心的转移。这也就意味着，当个体处于某种心理困境时，只要能够采用以下方法将大脑皮层中的优势兴奋中心进行转移，自然可以达到有效摆脱心理困境的目的。

第一，提问题法和深呼吸法。注意力就好像一台隐形摄像机，你将镜头指向哪个地方，镜头就会为大脑呈现该处的画面。因此，通过提问题并且自问自答的方式来解答自己为什么会注意到那个方面，可以更好地达到转移注意力的目的。此外，当个体感到紧张或愤怒时，通常可以借助深呼吸或冥想等方式帮助自己快速平稳心情。

第二，消遣转移法。

以前当陈林感到寂寞、失落时，他总会将自己隔离起来，断绝一切与外界的联系，一个人坐在屋子里发呆。但这样做非但没有帮助他有效恢复情绪，反而让他陷入更深的孤独与绝望中。

一次偶然的机会，他在情绪失落时团购了一张电影票。当一个人吃着爆米花、喝着可乐，与电影中的人物一起欢笑和痛哭过后，走出电影院的陈林觉得自己卸下了心中的万千忧伤。

消遣的方式有很多，除借助观看电影调整低落情绪外，我们也可以通过聆听音乐、读书、运动、绘画、品尝美食、逛街等方式来转移注意力。

第三，心理暗示法。心理暗示分为积极暗示和消极暗示两种。消极暗示法只会让原本糟糕的心情变得更加烦躁和不安，而积极心理暗示法则会帮助我们从当前糟糕的状态中抽离出来，越发积极乐观地看待自身所面临的一切阻碍和困境。

曹操率领军队行进在路上，士兵被炙热的阳光晒得烦躁不安，行军速度大受影响。

看在眼里、急在心里的曹操得知附近并无任何水源，又不能就此驻军休整时，他沉思片刻，骑着马赶到队伍前面，大声喊道："士兵们，绕过前面这个山丘有一大片梅林，只要我们快点赶路就可以品尝到好吃又解渴的梅子！"

听闻此言，士兵们的注意力瞬间从"太阳好热、口好渴、真累"转移到了"前方有梅林、梅子好吃又解渴"。在梅子的"引诱"下，士兵们士气大振，步伐也随之加快。

第四，转移情境法。我们的悲伤、愤怒等情绪，大多数时候都是情境性的。心理学家认为如果能够利用转移情境法让自己同触发负面情绪的人或事拉开距离，更有利于情绪的恢复和事情的解决。

黎强和哥哥两个人因为个性不同而彼此间水火不容，每次全家聚在一起讨论问题时，他们总是在三言两语后就不由得争吵起来，有时甚至会大打出手。

一天，黎强向做心理咨询师的好朋友李诗倾诉了自己的苦恼，李诗听完建议道："下次你可以尝试一下，一旦你感到自己或你哥哥要发火，就迅速起身离开。"

后来，在家庭聚会上，当黎强感到自己想要向对哥哥大发雷霆时，他就会想起李诗的建议，当即强行压下心中的怒火，站起来转身而去。当他从客厅走出家门时，愤怒已经消失了一多半。

此外，我们还可以利用减压法、发挥优势转移法、思想交流法等方法来转移注意力，以此调控情绪。办法总比困难多，只要我们愿意不与这些负面情绪短兵相接、针尖对麦芒，懂得淡然处之，那么能让我们重获快乐的方法肯定要多于让我们感到不开心的事件。

7 用升华的方法调控情绪

情绪低落、陷入困境、遭遇挫折失败，是每个人都不愿意看到的事情。但如果在情绪的低潮中一味地伤心或者绝望，对整个事情的改变是毫无益处的。如果一个人目光短浅、心胸狭隘，只能看到眼前的不顺利、不开心，那么他的心情就会一直拘泥于此、不得解脱；如果他目光高远、心胸广阔，能认识到未来是美好的、逆境是短暂的，那么其心情就会拨开乌云见太阳，重新沐浴在阳光和春风之中。

因此，学会自我救赎的情绪升华法就显得尤为必要。情绪升华法是指个体借助某种激励和榜样力量，以一个更高远的眼光去看待此刻的自己，将自身痛苦、悲愤等消极负面情绪引导至对人、对己、对社会都有利的方向，真正从本质上改变自我心境，重获平静，并将其转化为积极的行动，让事情朝着更好的方向发展。

李东是一名高二学生，让老师和同学感到惊奇的是，平日里无论考试成绩好坏，李东都能非常平静地对待。其实，李东也像其他同学一样在考试成绩糟糕时会抱怨和悔恨，但不同的是，其他同学往往沉浸在这种消极情绪中而较少付出实际行动，最终使得事情进入恶性循环。而李东则在每次抱怨过后，立刻摘抄一些鼓励自己的名人名言，以此激励自己不怕失败，继续努力向前。

比如，当他分析出自己这次没考好的原因是由于近段时间对学习有所荒废、不够努力时，他用毛笔写了大大的“勤奋”二字挂在书桌前的墙壁上，以此时刻提醒自己。

像李东这样在生活中善于心理自救的人，通常能够将心中的消极情绪升华为一种强大的动力，使自己在行动中感受成功的喜悦，为他人塑造一种心理强者的正面形象，从而有效维护自身身心健康的发展。

8 改变认知，正确归因

在日常生活中，情绪与行为反应往往与人们对人对事所持有的想法、看法有着密切的联系。

李晨和唐敏在同一家公司工作。周末他们相约一起逛街，在商场中，李晨看到他们的顶头上司陈总走了过来，他正准备挥手向陈总打招呼时，陈总却直接从他们身边径直走过。

对此，李晨尴尬地一边收回自己在半空中举着的手臂，一边忧心忡忡地说："难道是因为上次开会时我顶撞了他一句，所以他才故意假装看不到我？糟糕，接下来他会不会随便找个借口将我开除？"陷入胡思乱想的李晨再也没有逛街购物的心思，一种被上司刁难、即将失业的恐慌感将他团团困住了。

但唐敏却没有在意这些事情，她劝慰李晨道："你别多想。也许是因为他刚刚正在想别的事情，没有注意到或者来不及回应我们呢。"

在面对顶头上司的无视时，李晨表现得忧心忡忡，而唐敏则相对淡定。他们之所以会表现出两种截然不同的情绪和行为反应，正是因为李晨采用的是不合理信念，而唐敏则采用了合理信念。

美国著名心理学家埃利斯提出，拥有合理信念的人往往较拥有不合理信念的人对事物的情绪反应要更加适度和合理。而拥有不合理信念的人通常更为敏感，也非常容易让自己陷入消极负面的情绪困境中，严重者甚至会导致情绪障碍的产生。

理性情绪行为疗法是由埃利斯于20世纪50年代在美国首创的心理咨询理论及方法，又被称为合理情绪疗法。理性情绪行为疗法认为，引起人们情绪困扰的并非是外界发生的事件（A），而是人们由发生事件所延伸出的态度、看法、评价等认知内容（B）。因此，我们如果想要改变情绪困扰的现状，最主要的任务不是致力于改变外界发生的事件，而是应该通过改变自身认知进而改变情绪和行为反应（C)。这便是作为理性情绪行为疗法核心理论的ABC理论。

理性情绪行为疗法帮助人们解决因为不合理信念而导致的情绪困扰，使个体最终能够无条件接纳自我。在具体使用过程中主要采用以下两种方法。

第一，与不合理信念辩论。作为理性情绪行为疗法中最常用且最具特色的方法，它的主要灵感来自古希腊哲学家苏格拉底“产婆术”的辩论技巧。它主要通过积极主动的提问来帮助个体更加科学、理性地对自己持有的不合理信念进行挑战、质疑和改正。

与不合理信念辩论的提问行为可以分为质疑式和夸张式两种。下面以质疑式为例。

秦丽是一个特别害怕拒绝别人的人。面对别人提出的要求，哪怕自己感到为难，她也会尽力去完成。但这种为了他人而不断透支自己的行为又让她心里时常感到特别辛苦和疲惫。

这天，她找到心理咨询师杨老师倾诉自己的苦恼。杨老师当即反问道：“既然感觉如此痛苦，你为什么要不惜委屈自己去成全别人？”秦丽答道：“我认为自己应当让大家感到快乐。”杨老师继续问：“大家在你的帮助下感受到快乐了吗？”秦丽若有所思后答道：“似乎我做或不做，对结果的影响并没有那么重要。”

杨老师微笑道：“你自己感受到快乐了吗？”秦丽说：“我有时候会觉得有些不堪重负和厌烦，但还是会强忍着不开心去帮助他们。”杨老师一语道破：“你自己都不快乐又如何能让别人感到快乐？”秦丽不解地问：“难道这两者之间有什么必然的联系吗？”杨老师解释说：“你如何认为一个不能爱自己、不能让自己快乐的人会给别人带来快乐呢？你这样委屈自己究竟是为了什么？”

秦丽沉默不语，很久之后才抬头回答道：“帮助别人的时候，有时很快乐，但更多的是一种被迫的不情愿心理。我一直感到非常自卑，特别害怕如果不答应别人的请求就会将自己置于被孤立的境地。”

杨老师开解道：“你的不合理观念在于误以为无条件地取悦他人就会让他人和自己获得快乐。但实际上，要想被别人尊重，首先要尊重自己。你感到自卑，害怕被孤立，就应当通过行动上的努力让自己获得一技之长，提升自信，收获心灵的满足和快乐。”

第二，合理情绪想象技术。

唐蕾最近因为失恋而感到万分委屈和痛苦，她越是反思自己在过往恋情中的种种举动，就越感到自己太过愚蠢，这种状况已经严重影响到了她的生活和工作。

这天，她与闺密李婷聊天时说起了自己当前这一心理状况。李婷说：“其实事情远远没有你想得那么糟糕，你并没有那么愚蠢和不幸，你们只是不再相爱，分开了而已。”

为了进一步缓解唐蕾的糟糕情绪，李婷接着说：“现在想象你正坐在公园的一个长椅上休息，旁边放着你最珍爱的一本藏书。这时，有个人过来一屁股坐了上去并将书角压弯。你会怎么想？”唐蕾说道：

“我肯定又气又急。这个人怎么可以如此粗心大意。”

李婷问：“可是如果这个人是盲人呢？”唐蕾说：“哦，他又不是故意的。甚至我还会有些庆幸自己只是放了一本书，而不是其他尖锐锋利的物品。”

李婷微笑道：“你瞧，同样是压坏了你珍爱的藏书，但在不同情境下你的情绪反应却天差地别。”唐蕾顿悟道：“我懂了，原来是因为我对事情的看法不同，才会引发自己不同的情绪反应。这样一想，我就没那么难过了。毕竟我们两个人本来在性格方面就不太合适。”

从这个案例可以看出，这种方法主要分为三个步骤来帮助个体停止向自我传播和灌输不合理信念。首先，帮助个体进入曾使其产生不良情绪反应的情境中，重新感受那种强烈的情绪反应；其次，帮助个体改变并适应这种情绪反应；最后，停止想象，让个体描述自身的感受和看法，分析前后情绪的变化等。此外，也可以让个体想象一个情景，在这个情景下，个体可以随意依照自己所希望的去感觉和行动。

9 为情绪寻找一个出口

为情绪寻找一个出口对我们每个人而言都很重要。毕竟，人生在世，遇事诸多，也就难以事事如意，如果面对不良情绪总是采取积压和逃避的态度，而不进行及时的调整和发泄，长此以往会对个人身心造成巨大的负面影响。

在心理学中，不良情绪是指“个体对客观刺激进行反应之后所产生的过度体验”，焦虑、紧张、愤怒、悲伤、抑郁等情绪都属于不良情绪。相关心理学研究结果表明：情绪，尤其是不良情绪对人的能量消耗之大往往出乎我们的想象。很多癌症患者正是因为长期积累和压抑不良情绪才最终诱发癌症。

由此可见，我们需要树立良好的情绪管理意识，学会为自己寻找一个正确、合理的情绪宣泄出口，以便及时、理智、有效地将体内不良情绪释放出去，以一种全新的精神面貌重新投入生活并感受生活，保持身心的健康发展。情绪的宣泄出口有很多个，我们可以根据自己的情况和喜好来选择。

第一，大声尖叫。心理学家认为，当个体感到压抑、疲惫、沮丧或懊恼时，只需要找到一个自己感觉安全和放松的地方，打开各种宣泄情绪的管道，大声尖叫或吼叫都可以。另外，如果不想打扰到他人，也可以在家中或准备一个干净的枕头，深呼吸之后将脸埋在枕头中尽情地尖叫和发泄，直到感觉身体里所有的坏情绪都被释放为止。

第二，用眼泪舒解心中的悲伤和痛苦。很多人，尤其是大多数男性由于自小受“男儿有泪不轻弹”等教育的影响，遭遇悲痛、愤怒等负面情绪时往往会采取喝酒、沉默等方式进行逃避和压抑。但实际上，作为一种常见的情绪反应，哭泣时流出的眼泪可以帮助人们将体内积蓄的导致忧郁的化学物质消除掉，从而有效地减轻心理压力和身体负担，有利于个体身心健康。

第三，倾诉，将心中的委屈、压抑和交流等负面情绪表达出来。倾诉的过程也就是自我情绪疏导和疗愈的过程。但需要注意的是，倾诉的对象并非是随意找一个人，而要选择那些能够给自己指导性建议或值得信任且善于安慰他人的人。只有这样，倾诉才能最大限度地达到舒缓情绪、放松身心的目的。

第四，记录情绪日记。有些人习惯把负面情绪积压在心中，然后某天像火山一样突然爆发，这种行为不仅伤害自己，也让别人感到困惑，这在心理学中属于典型的迟钝型情绪。心理学家认为，迟钝型的人要想及时、有效地控制和处理自身负面情绪，可以采取记录情绪日记的方法。即每天记录自我情绪的真实情况——发生了什么事情、有什么感受，哪怕是一些极其细小的情绪也要忠实记录。

但记录只是为了更好地认识到已经存在的情绪问题，并不能切实地解决情绪问题，迟钝型情绪的人还是需要通过深呼吸、运动、唱歌以及听音乐等方式来为自己的情绪找到宣泄的出口。

需要注意的是，宣泄并不等于毫无顾忌地发泄，而是应当遵循适度的原则，有头有尾、有计划地对自己的负面情绪进行释放和疏导。正如哲学家所说：“发泄之妙在于，它带来解恨之快，也自有结束之时。”

10 纵情于山水之间

陈丽年前因为身体不适到医院检查并得知体内有肿瘤存在，进一步沟通后，医生对她说："从临床上来讲，排除任何器质性和遗传性病变的原因，很多患有肿瘤的病患在日常生活中都是性格较为内向，不善于表达自身愿望和总是压抑自我情绪。当一个人心中长期积压了太多的不良情绪时，身体就会随之出现一系列不适反应。肿瘤就是其中之一。"

陈丽回家之后回忆和反思自己近年来的生活和情绪，她决定通过每周爬山、睡前聆听安静舒心的音乐来达到接纳自我、调整情绪和改善身体健康的目的。刚开始爬山时，陈丽只感觉到非常疲累且很少有身心舒畅之感，听音乐时不但心中没有变得很平静，反而更加烦躁不安。

直到这天，她跟随同伴徒步爬到半山腰休息时，突然不知从哪里传来了一两声鸟叫。那一刻，吹着徐徐的山风，望着山下美丽的风景，聆听着清脆的鸟叫声，陈丽第一次体会到大自然对情绪的疗愈是那么神奇而伟大。她感到心中充满平静，不由自主地屏住呼吸，放慢脚步去享受眼前的一切，就连眼神也变得温柔了。

曾有相关研究表明：经常外出观看、感受和体会大自然中的一切，能够有效帮助人们摆脱压力和疲劳之感，甚至对因为疾病和手术而带来的身体不适也有很好的缓解和疗愈作用。

在此研究基础上，宾夕法尼亚州立大学的研究人员在对 133 名学生进行实验后表示："录制的或真实的自然声音可以独立地刺激视听觉并使人情绪平复。"

研究中，实验人员将被试分为四组，并使用情绪内省简表对每个人的现有情绪进行了详细记录。随后，研究人员让被试观看一个大约三分钟时长的令人感到极度不安和恐惧的手术视频，并再次对他们的情绪进行了测试和记录。紧接着，研究人员又让四组被试分别聆听了美国国家公园管理局所记录的自然声音、自然的声音夹杂着人类的声音、自然声音与机动车混合的噪声以及简单的沉默，然后再次使用情绪内省简表对他们的情绪进行了一系列评估。

当研究人员将前后三次的情绪记录数据进行汇总和对比后发现，只有听到自然声音的那一组学生恢复了观看视频之前的平静情绪，而其他三组学生在观看视频后所产生的不安和恐惧情绪并没有得到较为明显的缓解。

由此，研究人员得出结论：亲近自然一方面可以有效地帮助人们恢复平静愉悦的心情。另一方面，尽管真正的生态环境与替代技术对情绪有着不同的影响，但也并非所有自然声音都能够起到缓解情绪的作用，如闪电打雷声非但不能舒缓紧张情绪，反而会加重人们心中的不安和恐惧。

然而，忙碌的现代人不可能经常外出徒步、爬山或郊游，他们也很难安静下来聆听音乐家精心录制和制作的自然音或模拟自然音以及包含有自然音的音乐。因此，如果我们能够在繁忙的工作间隙，找出几分钟时间站在窗前眺望外面的青草绿树，或者在家中多种植一些观赏性强的绿植盆栽等，对心情的改善来讲也是非常不错的选择。

方芸在一家律师事务所工作，繁忙的工作让她总会感到非常憋闷和压抑。起初，面对心中无法形容的憋闷她毫无对策，只能被动地坐在办公桌前独自默默地承受和消化，工作效率自然大打折扣。

这天，她看到别人都在工作时，小玲却离开工作岗位走到窗台边安静地站着，大约五分钟过后又回来重新开始工作。如此观察几天之后，方芸终于忍不住找到小玲问道："你为什么每天都要去窗台边站几分钟呢？"小玲微笑回答道："总坐在安静的办公室中我会感觉有些压抑，思维也有些停滞和困顿。站在窗台边上几分钟，望着窗外的大树和绿油油的草坪，我会感到心里非常放松和舒适，这样就可以精力满满地继续工作了。"

心理学家斯蒂芬·开普勒曾经找到两组实验人员，并将他们分别安排在不同的环境中工作。其中一组实验人员的办公室窗外有一片小草坪和一棵葱郁的大树，而另一组实验人员的办公室窗外是一个喧闹嘈杂的大型停车场，不时会有各种声音透过窗户传进办公室。

实验结果表明，窗外有草坪和大树的实验人员较窗外是停车场的实验人员不仅对待工作更加热情，工作效率更高，而且在工作中也很少会出现焦躁、不耐烦等负面情绪。

种种事例和科学研究都在告诉我们，大自然中的许多事物都对不良情绪有着极好的疗愈效果。在日常生活中，我们若是懂得尊重已经出现的负面情绪，并且善加利用大自然来达到放松身心的目的，生活和工作自然会取得事半功倍的效果。

图书在版编目（CIP）数据

超效自控 / 魏冰冰著. —北京：中国法制出版社，2018.12
ISBN 978-7-5093-9691-9

Ⅰ. ①超… Ⅱ. ①魏… Ⅲ. ①情绪—自我控制—通俗读物
Ⅳ. ①B842.6-49

中国版本图书馆CIP数据核字（2018）第191244号

责任编辑：陈晓冉（chenxiaoran 2003@126.com） 封面设计：杨鑫宇

超效自控

CHAOXIAO ZIKONG

著者 / 魏冰冰

经销 / 新华书店

印刷 / 三河市紫恒印装有限公司

开本 / 710毫米 × 1000毫米 16开 印张 / 13.5 字数 / 180千

版次 / 2018年12月第1版 2018年12月第1次印刷

中国法制出版社出版

书号ISBN 978-7-5093-9691-9 定价：36.00元

值班电话：010-66026508

北京西单横二条2号 邮政编码100031 传真：010-66031119

网址：http://www.zgfzs.com 编辑部电话：010-66054911

市场营销部电话：010-66033393 邮购部电话：010-66033288

（如有印装质量问题，请与本社编务印务管理部联系调换。电话：010-66032926）